国家级一流本科专业建设成果教材

设计学方法与实践 ⊜ **产品设计系列**

武月琴 主编
王赛兰
许晓燕 副主编

产品CMF设计

COLOR
MATERIAL
FINISHING

材料篇
结构与工艺篇
案例篇
设计流程与策略
大国制造的机遇与挑战

化学工业出版社
·北京·

内容简介

本书系统讨论了CMF设计与产品创新的重要关联、产品CMF设计的具体流程以及相关设计策略和方法，阐述了CMF设计的知识框架，重点介绍了常用材料、加工工艺，以及与设计的关联。从产品色彩、材料、工艺和图纹四大要素出发，以案例分析的方式详细介绍了产品CMF设计的创新应用。最后简要讨论了在中国制造崛起与转型的过程中，设计领域可能面临的机遇与挑战。

本书适合高等院校艺术设计类专业的师生作为教材，从事产品设计和CMF设计的职业设计师和管理者也可参考。

图书在版编目（CIP）数据

产品CMF设计 / 武月琴主编；王赛兰，许晓燕副主编. -- 北京：化学工业出版社，2025.2. --（设计学方法与实践）. -- ISBN 978-7-122-46905-2

Ⅰ. TB472

中国国家版本馆CIP数据核字第2024TN3242号

责任编辑：孙梅戈　　　　　　　　　　　　装帧设计：韩　飞
责任校对：杜杏然

出版发行：化学工业出版社（北京市东城区青年湖南街13号　邮政编码100011）
印　　装：中煤（北京）印务有限公司
710mm×1000mm　1/16　印张15　字数336千字　2025年2月北京第1版第1次印刷

购书咨询：010-64518888　　　　售后服务：010-64518899
网　　址：http://www.cip.com.cn
凡购买本书，如有缺损质量问题，本社销售中心负责调换。

定　　价：69.80元　　　　　　　　　　　　　　　版权所有　违者必究

前言

在当今迅速发展的消费市场中,产品的设计已经不仅仅是外观的美化,更多的是通过精准的材料选择、细致的工艺处理和创新的设计理念来提升产品的整体价值。CMF(color material finishing)设计作为产品设计中至关重要的一环,已经成为连接产品与消费者、增强品牌识别度和市场竞争力的关键因素。本书的内容覆盖了从 CMF 设计的基础理论到实践操作,再到行业前沿趋势与案例分析,展示了 CMF 设计在不同领域中的应用及其对产品创新的推动作用。

本书开篇(第 1 章)系统介绍了 CMF 设计的基本概念和作用。通过对 CMF 设计师职责的阐述,读者可以深入了解这一职业角色在产品开发中的核心地位。

考虑到设计专业的教学特点与本书的教材属性,学生在设计构成等基础课程中已经学习并掌握了相对完整的色彩知识,所以本书略过了色彩部分,主要讨论材料与工艺。

在材料篇(第 2~6 章)中,深入探讨了多种材料的性质和应用,包括金属材料、塑料、有机材料、无机非金属材料以及其他现代新型材料。通过对这些材料的分类与分析,读者能够全面了解不同材料的特性、加工工艺及其在 CMF 设计中的实际应用,进一步理解如何通过材料选择提升产品的功能性和美学价值。

结构与工艺篇(第 7~8 章)以产品结构与生产模具的基本知识作为铺垫,通过不同材料的部件与生产模具案例,展示了结构与生产工艺的紧密关系,进而深入剖析了多种表面工艺,描述了这些工艺如何影响产品的外观与质感,以及如何通过表面处理增强产品的市场吸引力。

本书安排了两章篇幅的案例篇(第 9~10 章),通过不同领域的案例分析,展现了 CMF 设计在实际产品中的应用效果。通过相近产品案例的比较,分析了材料的选择、工艺的创新及其如何满足不同消费者的需求,展示了如何通过 CMF 设计提升技术产品的质感与用户体验。

第11章则为设计师提供了一个系统化的设计思路。通过分析不同阶段的设计策略与方法，设计师可以在实践中有效地提升CMF设计的执行力与创新性。

第12章从全球化的视角探讨了中国制造业在CMF设计领域的崛起以及面临的机遇与挑战。随着"中国制造2025"与"工业4.0"的推进，中国制造业正从"制造大国"向"设计大国"转型。结合案例分析，展示了中国在一些关键行业中如何通过创新的设计理念与高效的生产工艺，成功提升了产品的市场竞争力，进一步推动了中国品牌的全球影响力。

综上，本书以CMF设计为核心，为设计师、工程师及学生提供了丰富的知识与实践指导。它不仅是CMF设计的专业教材，也是探讨产品创新与设计趋势的重要参考书。本书为国家级一流本科专业（产品设计）建设点的建设成果教材之一，在西华大学教务处、西华大学美术与设计学院的支持下完成，作为产品设计专业"造型材料与色彩工艺"课程的配套教材，同时该课程在超星学习通上线了教学视频，并在智慧树平台有课程知识图谱。

最后，感谢西南民族大学王赛兰副教授，负责编写了本书的第4章、第6章、第12章；江汉大学许晓燕博士负责编写了本书的第2章、第3章，笔者与万青蓝、武雨飞、杨启航等研究生，负责编写了其余章节并为全书统稿。感谢邹凌女士为本书编写提供丰富的行业知识与前沿资料。感谢敬业的同事们，祁娜副教授、陆宁副教授、赵倩老师、左怡老师，同时感谢本书的编辑，因为有你们的细致认真和支持帮助，才有本书的付梓出版。

由于编者水平有限，书中难免存在纰漏与不当之处，敬请读者和同行们批评指正。

武月琴

2024年12月

第1章 CMF设计与产品创新

1.1 CMF设计 ··················· 003
1.2 CMF设计的作用 ·············· 003
1.2.1 CMF设计对消费者的作用 ········003
1.2.2 CMF设计对品牌商的作用 ········004
1.2.3 CMF设计对生产商的作用 ········004
1.2.4 CMF设计对供应商的作用 ········004
1.3 CMF设计师 ················· 005
1.4 代表性行业的CMF设计师要求 ···006
1.4.1 CMF设计师岗位要求（案例一）····007
1.4.2 CMF设计师岗位要求（案例二）····007
1.4.3 CMF设计师岗位要求（案例三）····008
1.5 产品创新 ··················· 008

第2章 金属材料

2.1 金属材料的分类 ············· 015

2.2 黑色金属 ··················· 015
2.2.1 纯铁 ·······················015
2.2.2 铸铁 ·······················016
2.2.3 钢 ·························017
2.3 有色金属 ··················· 024
2.3.1 金属铝和铝合金 ···············024
2.3.2 铜和铜的合金 ·················027
2.3.3 镁和镁合金 ··················029
2.3.4 锌和锌合金 ··················030
2.3.5 锡和锡合金 ··················031
2.3.6 钛和钛合金 ··················033
思考与研究课题 ···················034

第3章 塑料

3.1 塑料的定义及分类 ············ 037
3.1.1 塑料的定义 ··················037
3.1.2 塑料的分类 ··················037
3.2 热塑性塑料 ················· 038
3.2.1 ABS——工程塑料 ·············038
3.2.2 ASA——工程塑料 ·············039
3.2.3 CA——工程塑料 ··············040
3.2.4 EVA——工程塑料 ·············040
3.2.5 Lonomer Resins——工程塑料 ·····041
3.2.6 PA——工程塑料 ··············041
3.2.7 PC——工程塑料 ··············042
3.2.8 PS——工程塑料 ··············043
3.2.9 SMMA——工程塑料 ···········044
3.2.10 PMMA——通用塑料 ··········044
3.2.11 PP——通用塑料 ·············045
3.2.12 PVC——通用塑料 ············046
3.2.13 PE——通用塑料 ·············046
3.2.14 PET——通用塑料 ············047
3.2.15 硅胶——工程塑料 ············048
3.3 热固性塑料 ················· 049
3.3.1 PF——工程塑料 ··············049
3.3.2 UF——工程塑料 ··············049
3.3.3 MF——工程塑料 ··············050

第4章 木竹藤纸皮等有机材料

- 4.1 木材 ·········· **054**
  - 4.1.1 人类使用木材的历程 ·········054
  - 4.1.2 树木与木材 ············055
  - 4.1.3 木材的基本特性 ·········056
  - 4.1.4 设计中常用的实木种类 ····057
  - 4.1.5 设计中常用的人造板材 ····060
- 4.2 木材的加工工艺 ········ **062**
  - 4.2.1 配料 ·················062
  - 4.2.2 构件加工 ·············062
  - 4.2.3 装配 ·················063
  - 4.2.4 涂饰 ·················064
- 4.3 榫卯结构与创意设计案例 ····· **064**
  - 4.3.1 改变榫卯形态的设计案例 ·····065
  - 4.3.2 改变榫卯颜色的设计案例 ·····066
  - 4.3.3 改变榫卯形态与颜色的设计案例 ·····066
- 4.4 竹材 ·········· **067**
  - 4.4.1 竹的结构 ·············067
  - 4.4.2 竹材不同的形态 ·········068
- 4.5 藤、纸、皮等有机材料 ······ **070**
  - 4.5.1 藤 ···················070
  - 4.5.2 纸 ···················070
  - 4.5.3 皮 ···················071

第5章 陶砂瓷玻璃等无机非金属材料

- 5.1 陶炻砂瓷 ·········· **075**
  - 5.1.1 人类使用陶瓷的历史 ·········075
  - 5.1.2 陶瓷的组成与分类 ·········076
  - 5.1.3 陶瓷的基本特性 ·········078
  - 5.1.4 陶瓷的成型工艺 ·········079
- 5.2 玻璃 ·········· **085**
  - 5.2.1 玻璃发展的历史与现状 ·····086
  - 5.2.2 玻璃的组成与分类 ·········087
  - 5.2.3 玻璃的基本特性 ·········088
  - 5.2.4 玻璃的成型工艺 ·········089
  - 5.2.5 玻璃的二次加工 ·········092
  - 5.2.6 案例分析 ·············097
- 5.3 其他无机非金属材料 ········ **097**
  - 5.3.1 石膏 ·················097
  - 5.3.2 晶体 ·················097
- 课内讨论题 ·················098

第6章 其他材料

- 6.1 纤维增强（FRP）复合材料 ········ **101**
  - 6.1.1 纤维增强（FRP）复合材料的特性 ··· 101
  - 6.1.2 玻璃纤维（GF）增强材料 ············102
  - 6.1.3 碳纤维（CF）增强复合材料 ········106
- 6.2 菌丝体材料 ·········· **109**
  - 6.2.1 菌丝体材料概述 ·········109
  - 6.2.2 菌丝体材料的特性 ·········110
  - 6.2.3 菌丝体材料的成型工艺与材料种类 ···111
  - 6.2.4 菌丝体材料的典型应用案例 ········113

结构与工艺篇

7

第7章　认识结构与生产模具

7.1　认识产品结构 123
- 7.1.1　支撑结构 123
- 7.1.2　功能结构 124

7.2　产品部件与生产模具的案例介绍 127
- 7.2.1　金属类产品部件与生产模具的案例 127
- 7.2.2　塑料类产品部件与生产模具的案例 128
- 7.2.3　陶瓷类产品部件与生产模具的案例 129
- 7.2.4　玻璃类产品部件与生产模具的案例 130
- 7.2.5　无模具成型的案例 131

7.3　产品组装与连接 134
- 7.3.1　静连接结构 134
- 7.3.2　动连接结构 139
- 7.3.3　其他连接结构——缝合连接 142
- 课内讨论题 142

8

第8章　认识表面工艺

8.1　初步认识表面工艺 145
- 8.1.1　形成产品色彩的工艺 145
- 8.1.2　形成产品质感的工艺 146

8.2　减法属性的物理工艺 146
- 8.2.1　雕刻 146
- 8.2.2　钻孔 147
- 8.2.3　机械抛光 147
- 8.2.4　拉丝刷纹 148

8.3　加法属性的物理工艺 149
- 8.3.1　表面镶嵌 149
- 8.3.2　喷砂 150
- 8.3.3　喷涂 150
- 8.3.4　印刷 151
- 8.3.5　IMD 152
- 8.3.6　PVD 153
- 8.3.7　OMD 154

8.4　重组属性的物理工艺 154
- 8.4.1　锤揲 154
- 8.4.2　编织 155

8.5　神奇的化学表面处理 156
- 8.5.1　化学抛光 156
- 8.5.2　化学氧化 157
- 8.5.3　化学镀 157
- 8.5.4　酸洗 158
- 8.5.5　蚀刻 159
- 8.5.6　TD处理 160
- 8.5.7　QPQ处理 160

8.6　高效的电化学表面处理 161
- 8.6.1　电化学抛光 161
- 8.6.2　阳极氧化 162
- 8.6.3　微弧氧化 163
- 8.6.4　电化学镀 163
- 8.6.5　磷化 164

案例篇

第9章 案例分析：家居与家具产品CMF设计

9.1 换材不换形——日用品碗 ············ 169
9.2 美丽的透明——玻璃杯 ············ 171
9.3 品茶必备——茶壶 ············ 173
9.4 更舒适地坐——椅子 ············ 176
9.5 门面装点——沙发 ············ 179
章节思考题 ············ 181

第10章 案例分析：智能产品CMF设计

10.1 集成的穿戴式——智能手表 ········ 185
10.2 安全卫士——指纹锁 ············ 187
10.3 全方位沉浸——头戴式耳机 ········ 190
10.4 CMF设计的集中体现——
 汽车内饰 ············ 192
章节思考题 ············ 196

第11章 产品CMF设计流程与策略

11.1 产品CMF设计流程详解 ············ 199
 11.1.1 第1步：设计信息收集 ········ 199
 11.1.2 第2步：建立设计叙事 ········ 200
 11.1.3 第3步：建立CMF策略 ········ 201
 11.1.4 第4步：了解零件分解 ········ 203
 11.1.5 第5步：创建CMF调色板 ····· 206
 11.1.6 第6步：CMF实施 ············ 207
11.2 产品CMF设计策略与方法 ········ 208
 11.2.1 CMF设计基本策略 ············ 208
 11.2.2 CMF设计方法 ············ 213
章节思考题 ············ 218

第12章 大国制造的设计机遇与挑战

12.1 中国制造的崛起 ············ 221
12.2 丰富的中国传统造物思想与工艺 ···· 222
 12.2.1 案例一：蜻蜓平衡扩香器 ········ 223
 12.2.2 案例二："羊舍造物计划"
 系列作品 ············ 223
 12.2.3 案例三："曲趣"系列竹编家具 ···· 225
12.3 从"制造大国"到"设计大国" ··· 225
 12.3.1 "中国设计"+"中国制造"
 名片一：中国高铁 ············ 226
 12.3.2 "中国设计"+"中国制造"
 名片二：大疆无人机 ············ 227

参考文献 ············ 229

第 1 章
CMF 设计与产品创新

1.1　CMF 设计

1.2　CMF 设计的作用

1.3　CMF 设计师

1.4　代表性行业的 CMF 设计师要求

1.5　产品创新

导　　言： 随着行业的发展、技术的进步与市场的演进，设计职业不断精细化分工，有的与其他行业的职业分支发生了重组，近年来出现的CMF设计师就是一种新兴的设计职业。CMF设计与产品创新有着直接的关系。

本章重点： 本章主要介绍了CMF设计概念和CMF设计的重要性，并结合案例介绍了CMF的应用领域，重点是向学生介绍其中新兴的设计职业——CMF设计师，并结合部分企业招聘需求，让学生了解该职业的专业能力构成。

教学目标： 通过本章的学习，学生能够建立基本的CMF专业认识与职业认知。

课前准备： 教师可根据教学内容，以身边产品作为教学器材，让学生从产品的材料、部件、结构、颜色等层面重新认识熟悉的产品。

教学硬件： 多媒体教室、产品CMF色板。

学时安排： 本章建议安排1~2个课时。

本章内容导览如图1-1所示。

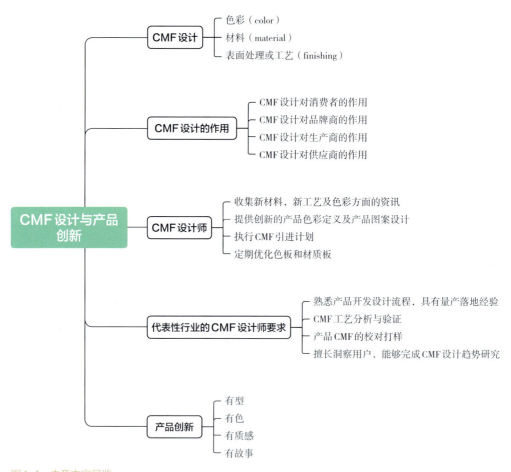

图1-1　本章内容导览

1.1　CMF设计

CMF是色彩（color）、材料（material）、表面处理或工艺（finishing）三个词的英文首字母的缩写，是有关产品设计的颜色、材质与工艺基础认知和综合运用。因此，CMF是一类设计工作的统称，是设计领域内常用的专业术语。CMF设计是通过将色彩、材料、工艺三者结合，赋予产品新的品质与价值。

CMF设计正在成为与造型设计同样重要的产品设计环节之一，甚至是整个产品开发的关键部分之一。尤其是当复杂的技术进入日常用品的时候，本着人性化设计的理念，产品外观反而是极其简洁的。因此当产品由相对简单的基础材料和简约的基本形态构成时，只有经过CMF及其细节设计，产品才可以变得多样化，这也是现在如何区分不同品牌、不同产品系列、不同价位与产品升级换代的重要手段之一。

CMF是色彩、材料与工艺三者共同作用所实现的效果总和，与形态一起完成产品最终的视觉呈现。更简要、直接地说，CMF就是让设计作品以合适的成本，表现出合适的面貌，满足目标用户的需求。

1.2　CMF设计的作用

由于CMF服务对象的特殊性以及不同产品的产业链复杂性不同，使得CMF设计在面对消费者、品牌商、生产商、供应商等时具有不同的作用。CMF设计是各学科、流行趋势、工艺技术、创新材料、审美观念综合的交叉产物。CMF设计具有综合性和整体性特征，在设计过程中需要用整体思维进行考量，是贯穿产品设计流程始终的思考与实现。

1.2.1　CMF设计对消费者的作用

CMF设计与时尚关联较大，其在视觉方面有显著提升作用，容易与消费者建立关联，直指用户视觉喜好，紧跟行业时尚流行要素。现代消费者对产品的关注点逐渐由"物"的视觉、触觉等层面上升到"心理"与"精神"的文化、审美等层面。CMF设计能够满足消费群体年轻化的审美需求，提升消费者的情感体验性，在优化产品与消费者情感交流中，扩大消费者群体，增加用户黏性。

①消费层面的视觉影响。以色彩为主，相对低成本地实现产品差异，能够表达产品的特征与消费属性，以独特和个性化的方式吸引不同的消费人群。

②交互层面的信息载体。产品与用户在视觉、触觉等方面的直接接触，一方面要传递产品信息，另一方面要对用户有所反馈。交互性就在于与用户的接触，因此CMF设计是具有交互性、信息承载等功能的。

1.2.2　CMF设计对品牌商的作用

CMF设计顺应企业品牌的商业形象，能够提高品牌的独特性，强化品牌的认可度和忠诚度，能够引领或顺应流行趋势。在供过于求的时代，企业想要提高市场占有率，就需要利用CMF设计增加产品特点，突出产品的高品质和个性，赋予产品物质功能之上的情感功能，从而吸引更多的消费者。

①趋势层面的流行元素。在产品表面增加色彩、肌理、纹样等个性化元素，符合流行趋势的要求，彰显产品特征，同时在合理的范围内，不增加过多的生产成本。

②策略层面的整体把控。CMF是形成产品差异化的重要手段之一，从企业产品体系与品牌特征出发，使新产品在整个产品体系与梯队序列中处在合适的位置。

1.2.3　CMF设计对生产商的作用

CMF设计具有通用性、创新性、个性化、可持续性等特点，对产品进行个性化设计，能实现差异化竞争，提高产品的市场竞争力，同时CMF还可以考虑使用环保材料和表面处理技术，降低产品的环境影响。因此，CMF被广泛应用于消费电子、家居、服装、包装、化妆品、医疗器械、箱包、鞋帽、材料、设备等行业。由于行业的不同，相关的产品尺寸、设计重点、开发周期等方面存在一定的差异性，因此不同行业的CMF设计也会因为行业的差异向各自不同的专业方向发展，并且设计周期也因行业的不同有很大的差别。例如汽车行业CMF设计周期在2年左右，手机行业的CMF设计周期在3个月左右。

CMF设计对生产企业的作用主要体现在两个方面。

①生产层面的降低成本。具有生产可行性，工艺总成本投入低于附加值。设计作品能够达到生产与制作的要求，同时生产工艺也要达到设计的要求。也就是设计品质、生产工艺在适度的成本范围与加工周期内实现。

②研发层面的缩短周期。CMF设计还可以通过材料研发、工艺调整、优化外观等方式来缩短产品的研发周期，快速占领市场。

CMF设计从市场趋势、设计创意、生产制造、质量管理的视角全面提升企业的产品综合品质和服务质量。CMF设计能增强企业市场竞争实力、提升企业的战略前瞻能力，是企业在商业设计中赢得竞争优势的重要方法。

1.2.4　CMF设计对供应商的作用

一般情况下，企业难以独立完成产品的CMF设计与实现，甚至CMF的前瞻设计需要由供应商提供。对于供应商类型的企业来说，依托CMF设计主动研究行业趋势，实现从被动供应到主动提供的转换。通过讲趋势、讲市场机会、讲故事来呈现有价值的色彩、材料、工艺方案，为客户提供具有前瞻性的产品服务。

行业层面的趋势与标准。CMF设计虽然以用户审美、情感需求为指引，经由供应商的材料、技术与工艺来实现，服务于各类企业，但其核心宗旨是增加产品附加值、为企业带来商业价值，达成行业共性。在营销界流传着一句话："一流企业做标准、二流企业做品牌、三流企业做产品"，这里的标准，指的是同类产品的技术标准，在CMF设计中掌握着行业材质面料前沿与色彩标准的供应商企业与协会等组织，在某种程度上也决定了CMF设计的创新范围。CMF设计的作用如图1-2所示。

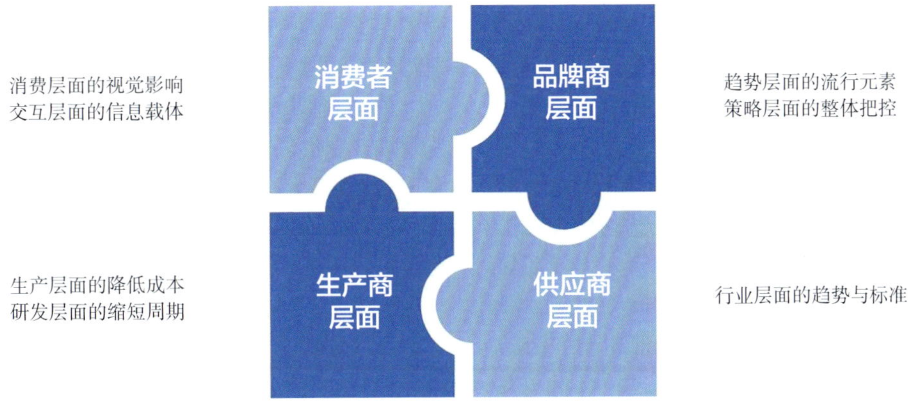

消费层面的视觉影响
交互层面的信息载体

趋势层面的流行元素
策略层面的整体把控

生产层面的降低成本
研发层面的缩短周期

行业层面的趋势与标准

消费者层面　品牌商层面　生产商层面　供应商层面

图1-2　CMF设计的作用

> **知识点补充：**
> 制造业中常见的三种生产模式，代表了不同的生产条件与生产方式，如下所示。
> ① OEM（original equipment manufacturer），即原始设备制造商。在这种模式下，一家工厂根据另一家公司的要求生产产品，但产品上贴的是那家公司的标签。例如，苹果公司的iPhone就是由富士康这样的OEM厂商生产的。
> ② ODM（original design manufacturer），即原始设计制造商。ODM在OEM的基础上增加了设计环节。ODM厂商不仅负责生产，而且负责产品的设计。这意味着ODM厂商拥有更强的技术实力和创新能力，能够根据市场需求和品牌定位，为品牌方提供个性化的产品解决方案。
> ③ OBM（original brand manufacturer），即原始品牌制造商。OBM是指制造商自行创立品牌，生产、销售都归自己管。这种模式对制造商的要求最高，因为不仅要负责产品的制造和设计，而且要负责品牌的推广和销售。例如，华为、小米这样的科技公司就是OBM模式的典型代表。

这三种模式在产业链中的位置不同，为企业带来的价值也各不相同。OEM模式中，品牌方掌握市场和品牌，利用OEM厂商的专业能力和规模效应降低生产成本和风险；ODM模式则让品牌方可以借助ODM厂商的设计能力，快速推出具有市场竞争力的产品；而OBM模式要求企业具备强大的研发能力、生产能力和市场渠道，以实现品牌的独立发展和价值最大化。

1.3　CMF设计师

近年来，CMF设计逐渐成为一类独立的、成熟的设计实践和非常受欢迎的专业知识。CMF设计是以设计学、工程学、材料学、心理学等多学科知识为背景，结合流行趋势与时尚潮流，满足人的审美需求和情感体验。

在企业的设计流程中，CMF是产品形

成的一个环节，绝不仅是造型设计结束后的"锦上添花""涂脂抹粉"，而是需要贯穿始终的思考。重视R&D（research & development，研发）的企业不仅有独立的设计部门，也有专门的CMF研究部门，在设计工作的内部分工中，相关从业人员被称为CMF设计师。

汽车行业的CMF设计，起源于欧美汽车设计品牌，而后是合资公司的研发部，后来随着国内汽车企业与自主品牌的崛起，专门从事汽车色彩、材质与工艺整体设计的设计师职位逐渐产生。起先汽车设计领域的C&T设计（color and trim）部门，从感性的角度提升用户对汽车细节的好感度。color and trim，其字面意思是"色彩与整洁"，设计师的职责是保持汽车材质与颜色的整洁与协调。汽车的C&T设计涉及范围广泛，包括色彩、纹理、织物面料、皮革、缝线、表面处理、材料、背光颜色、字符颜色等内饰设计，也包括车身颜色、纹理、灯具、轮辋、格栅效果等外饰设计。有的企业把这部分工作称为CTF [color（色彩），texture（图案纹理），fabric（面料）]，有的企业还会根据产品特征与常用工艺，把CMF扩展为CMFP [color（色彩），material（材料），finishing（工艺），pattern（图案）]，将图案在设计中的作用凸显出来。无论名称说法是否相同，其中最主要的设计工作都与CMF密切相关。

因此，CMF设计师通常是在有一定工作经验的设计师中产生的。CMF设计师通常要制定CMF设计策划，负责CMF创意方案设计与研发，并确保CMF设计有效转化。ID设计与CMF设计相辅相成。CMF设计师职位责任主要在四个方面。

①负责收集新材料、新工艺及色彩方面的资讯，研究使用者需求、新材料、新工艺和色彩的发展及流行趋势。

②以创新设计的视角，发掘细分用户的需求，提供创新的产品色彩定义及产品图案设计；协助设计师完成设计方案的材料、工艺、色彩规划，独立完成新产品的第二套配色方案设计，设计方案细化到手板制作及产品工程化。

③负责配合采购部门规划并执行对新材料及新工艺的考察，执行CMF引进计划。

④负责执行颜色签样及工艺跟进，定期优化色板和材质板。

除此之外，CMF设计师还需要有良好的沟通能力和主观能动性：纵向沟通能力，能够架起客户、面料供应商、工艺实施方等之间的沟通桥梁；横向沟通能力，能够协调公司内部各个部门，共同完成产品生产；主观能动性，能够积极主动地去关注时间节点，发现试制生产过程中出现的各种问题，并寻求解决方法。CMF牵涉到的问题并不是专业针对性强、运用范围特殊的，而是遍及生活中的方方面面。CMF与国内常说的表面处理工艺有一定的相似之处，CMF设计多应用于产品设计中对色彩、材料、加工等设计对象的细节处理，是连接产品与使用者之间的深层感性部分。

1.4 代表性行业的CMF设计师要求

国内的设计行业过去比较关注艺术表现力和基础功能性，近几年开始向用户体验与服务升级转型，因此与用户体验、品牌特征有直接关联的CMF设计成为一个重要的领域。在设计企业或者企业的设计部门开始出现专门的CMF设计师，目前汽车、家电、手机三大行业是CMF设计的主要行业。以下三个案例为国内部分企业的CMF设计师招聘信息，从其职位描述中可以大致看出CMF设计师的工作内容与任职要求。

1.4.1　CMF设计师岗位要求（案例一）

国内某知名电动汽车企业CMF设计师岗位属于该企业的汽车研发板块，其岗位职责包括：

①负责或参与项目CMF预研和设计策略；

②负责项目CMF设计创意、方案输出、主持设计评审；

③负责内外饰色彩模型（包括车漆）的方案定义和品质跟踪；

④负责产品上市宣传资料的CMF故事输出，并参与产品发布；

⑤负责和参与探索CMF设计趋势及发掘跨界供应商。

任职要求：

①本科及以上学历，平面设计、视觉传达、艺术设计、美术等相关专业，2年及以上CMF设计经验；

②具备负责过2款及以上整车量产项目经验者优先；

③抗压能力强，热爱CMF设计并保持敏感；

④较强的沟通和执行力，性格开朗，合作共赢。

从中可以看出，要成为一名国有汽车企业的CMF设计师，本科学历是门槛，既要有一定的专业经验，也需要有项目经验，但是对造型能力没有特殊要求，所以建模能力较弱的设计师，可以考虑多发展文案能力与沟通能力。

1.4.2　CMF设计师岗位要求（案例二）

国内某知名家电企业属于消费家电制造业，CMF设计师主要从事空调产品的设计研发。其岗位职责包括：

①参与设计研究工作，配合团队把握设计方向与风格；

②可独立完成产品CMF工作，有家电CMF设计经历者优先，能将创新概念融入工作中，不断拓展设计思路、方法与工具，创新提案模式；

③具备良好的审美能力和洞察能力，沟通表达能力强，能够独立完成项目的设计任务；

④新业务开发过程中对设计创新与方向的把握；

⑤熟悉生产材料及加工工艺。

任职要求：

①具备家电产品设计经验，有在设计公司或企业设计部门5年以上的工作经验；

②优秀的概念草图技能和二维、三维表现能力，熟悉PS、AI、CorelDRAW、UG等常用软件，需要提供之前设计的作品集；

③在时间压力之下掌控工作进度和设计质量；

④有团队协作精神、责任心，勤勉认真，对设计充满热情。

从以上要求中可以看出，该企业需要的CMF设计师，各项能力要求较高，能力要求大于学历要求，必须是业内相对资深的成熟设计师。

1.4.3　CMF设计师岗位要求（案例三）

国内某自主品牌手机生产企业，属于"3C"消费数码制造业，CMF设计师属于电子产品研发岗位，岗位职责包括：

①敢于创新，提出符合定位的CMF设计创意，能够给现阶段的产品带来新的视觉感受，使产品具有一定的竞争力；

②开阔的设计视野，关注设计和行业趋势，对时尚潮流和工艺流行变化敏锐，能够捕捉到业内前沿的色彩、材料、工艺变化趋势，整理出相关参考文件并将其转化成CMF设计策略；

③负责新产品颜色方案、新材料、新工艺的研发与设计，并确保设计创意可以有效转化；

④与厂家联系取得最新的颜色方案和技术，协助供应商确定表面工艺并进行颜色的调配；

⑤负责一定的概念设计以及后期跟进工作。

任职要求：

①本科以上学历，工业设计、艺术设计类学历背景者优先；

②熟悉工艺知识，有3年及以上产品设计工作经验者优先；

③具备优秀的设计审美能力、艺术鉴赏能力或优秀的手绘、图案设计能力；

④善于洞察用户，快速从潮流趋势和行业趋势中挖掘创新机会点；

⑤有关产品后期跟进，如量产时配色，模型制作对色；

⑥有创意，重执行，自我驱动力强，善沟通，有工作激情和责任感，有良好的团队意识。

在CMF设计领域工作的专业人士通过亲身体验积累知识的，大多来自不同的设计背景，包括纺织品设计、工业设计、产品设计、服装设计、品牌设计、视觉传达设计等。然而，与专业经验同样重要的是，一个人天生的感知能力，能够检测和表达设计语言及审美趋势，同时能够理解消费者的愿望，并通过讲故事将其转化为具体的CMF解决方案。在CMF设计领域中，有不同的专业领域需要掌握，它们之间是互补的，没有明确的界限，CMF设计专业的人士很多都是多才多艺的全才。

1.5　产品创新

产品创新是创新的方式之一。产品创新设计能力关乎一个国家的生产制造能力，在工业4.0的背景下，"中国制造"要转型为"中国创造"是离不开产品创新的，产品创新既包含了技术的创新，也包含了产品设计的创新。

产品创新对企业的发展意义非凡。对企业产品技术研发活动而言，产品创新是站在客户的角度发现客户的潜在需求，寻求新的产品或者发现旧产品的问题，研究客户的建议和客户的痛点,从而进行产品设计变革。产品创新设计是企业的核心竞争力之一。

产品创新对民众的生活至关重要。人造物构成了人类世界,民生类产品的创新,极有可能在日常生活中改变民众的生活方式,改善生活品质,优化体验,帮助消费者认识世界。

CMF设计在产品上的创新,主要表现在有型、有色、有质感、有故事(图1-3)。

图1-3 产品CMF创新维度

① "有型":产品设计,曾经一度也被叫作产品造型设计,强调形态的创新,产品的轮廓、部件等形态能够直接作用于人的视觉与触觉,"有型"是产品设计的基本要求之一。

② "有色":颜色直接作用于人的视觉,很大程度上影响着产品外观和用户体验,各种颜色的组合千变万化,因此设计的多样性有相当一部分是由色彩决定的。颜色可以传达出产品的个性、品位和品牌形象,同时也可以影响用户的情绪和心理状态。中国古代的绘画技法讲究"随类赋彩",也说明了色彩所承载着最易于辨别的重要信息,对物品设计的影响也是显而易见的,"因材设色"是产品设计中重要的色彩实用原则。设计师需要根据产品的定位和品牌形象来选择合适的颜色,以达到最佳的用户体验和品牌形象效果。

③ "有质感":质感是以材质为主,因材质不同于加工方式的差异,形成的不同触感、使用体验和产品视觉体现的综合感受。因此,质感就是"材料的质感",是指材料

> 知识点补充:
> 南朝画家谢赫在《古画品录》中写道"六法者何?一、气韵生动是也;二、骨法用笔是也;三、应物象形是也;四、随类赋彩是也;五、经营位置是也;六、传移模写是也"。其中"随类赋彩"是中国画用色的基本原则之一,也是评画标准之一。

给人的感觉和印象,是人对材料刺激的主观感受,是人的感觉系统因生理刺激对材料做出的反应或由人的知觉系统从材料的表面特征得出的信息,是人们通过感觉器官对材料产生的综合的印象。不同的材料具有不同的物理特性和质感,例如硬度、韧性、吸水性、反光性等。设计师需要根据产品的功能和用户需求来选择适当的材料,并充分考虑材料的环保性和可持续性。表面处理工艺决定了产品的外观和质感,包括抛光、磨砂、电镀、喷涂等,每种工艺都会有不同的效果和优缺点。设计师需要根据产品的定位和用户需求来选择适当的表面处理工艺,以达到最佳的产品外观和质感效果。质感设计的形式美法则是从美的形式发展而来的,是一种具有独立审美价值的各种形式因素(几何要

素、色彩、材质、光泽、形态等）的有规律组合。形式美法则是人们长期实践经验的积累，整体造型完美统一是造型美形式法则具体运用中的尺度和归宿。

④"有故事"：故事与品牌策划有直接关系。好的故事能够为品牌增加文化内涵与消费吸引力。而品牌故事的呈现则离不开企业产品的设计。形态、色彩、材质与工艺在产品表面形成的综合效果，不仅在视觉、触觉上吸引人，还能进一步作用于人的心理，唤醒既往的经验，激发想象，同时背后蕴含的文化、精神等能够增加内涵，形成多层次的互动、感染、共鸣，综合构成了品牌与产品的故事性。

因此通过精心的设计和加工，最终能形成有型、有色、有质感、有故事的产品，是所有产品设计师的工作目标。

材料篇

第 2 章　金属材料

第 3 章　塑料

第 4 章　木竹藤纸皮等有机材料

第 5 章　陶砂瓷玻璃等无机非金属材料

第 6 章　其他材料

1. 以材料命名的人类文明进程

在某种程度上，人类对材料的使用直接影响着人类文明的进程。历史学家以材料的名称划分人类的历史时代。石器、陶器与青铜器能经得起千万年时光的侵蚀而保留至今，而人类利用木材、皮革、棉麻等材料的起始时代至今仍然没有定论。

大约在100万年前，古猿人以石头作为工具，用石块摩擦取火，用带尖的石块攻击野兽，用锋利的石刃来切割野兽的皮肉、削刮树枝，把石块加工成形状规则的器皿和工具。在对石块的挑选中，一部分有独特光泽的硬石块，因为硬度很大而被人们特别关注。

另外，在利用火的过程中，人类发现了火对泥土性能的改变，陶器应运而生，在烧陶过程中，某些石头被加热、冷凝后形成了最初的合金——青铜。中国的商周时期可以说是青铜时代的鼎盛。

铁器对人类的影响更大。从古代的金戈铁马到近代的火车长龙，从耕地的铁铧犁到写字的钢笔，从挥舞的剑到绣花的针，冶铁技术的重大突破，伴随着人类社会的发展进入了又一个崭新的阶段。

当材料被用在武器与生产工具上，更加坚固耐用也就意味着生产力水平的提升。青铜武器能轻松击败木石武器，能深耕土地的铁制农具为农业增产提效发挥了重大的作用，促进了人类种群的繁衍壮大。每当一种新材料登上历史舞台，就会为人类文明迈上新台阶打下坚实的基础。

2. 材料蕴藏着伟大的力量

人类最先掌握的材料是从大自然中直接获取的，如木材、石材，或简单加工即可得到的材料，如陶。在获得材料、使用材料、驾驭材料的过程中，人们掌握了很多加工方法，因此对自然物质的二次加工获得了新的材料，如铁。然而在某些能量的作用下，物质是可以发生转化的，物质A在热能的作用下转化成了物质B，物质B与物质C结合，产生了物质D，如青铜。

到了现代，人们不仅依赖在大自然中直接获取的材料，而且依赖二次加工获得的金属材料，同时人类掌握了更复杂的提炼加工方法，塑料就是在这样的背景下从人类的实验室中产生的，大自然中是不存在塑料的。因此，当前世界的新材料是根据精密的分子设计开发的，拥有自然界物质尚未发现的材料性能。

第 2 章
金属材料

2.1 金属材料的分类

2.2 黑色金属

2.3 有色金属

CHAPTER

产品 CMF 设计

导　　言： 金属是一类伴随人类物质文明发展的重要材料。金属材料是金属及其合金的总称。金属材料的应用范围很广，从小小的螺钉到高耸入云的建筑，从圆珠笔尖到人造卫星，每一种新的金属材料，其发现、提炼、加工与利用，几乎都充满挑战。

本章重点： 常用金属材料的性能及其用途。依据产品功能要求选择金属材料。

教学目标： 了解金属材料的一般性能，掌握常用金属材料的性能及用途，培养学生依据产品功能要求初步选择金属材料的能力；掌握金属材料的基本成型工艺及表面装饰处理工艺，培养学生依据产品造型初步选择成型工艺，或在产品成型工艺确定的情况下明确产品造型限制因素的能力。

课前准备： 教师可根据教学内容，以身边产品作为教学器材。

教学硬件： 多媒体教室、金属制的各种产品样本。

学时安排： 本章建议安排1~2个课时。

本章内容导览如图2-1所示。

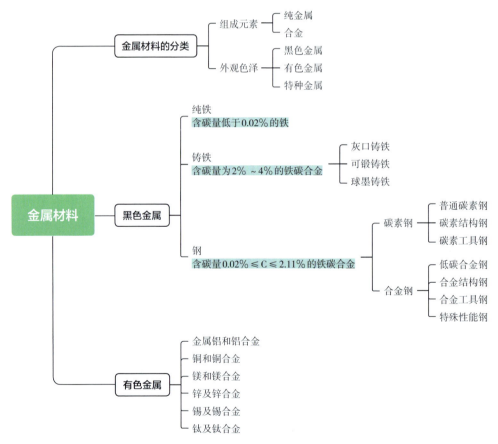

图2-1　本章内容导览

2.1 金属材料的分类

金属材料按照其组成元素可以分为纯金属和合金。按照其外观色泽的差异可以分为黑色金属、有色金属和特种金属三大类（表2-1）。

表2-1 金属材料的分类

金属		类别	说明
	黑色金属	纯铁	工业用纯铁（Fe），碳含量：$C<0.02\%$ 铁元素大约占地壳元素总量的5.5%
		铸铁	碳含量：$C>2.11\%$ 包括灰口铸铁、可锻铸铁、球墨铸铁等
		钢	包括碳素钢与合金钢，碳含量：$0.02\% \leq C \leq 2.11\%$ 钢大约占全世界金属总产量的99.5%
	有色金属	轻有色金属	轻有色金属是指密度在4.5kg/m³以下的有色金属，它包括铝（Al）、镁（Mg）、钠（Na）、钾（K）钙（Ca）、锶（Sr）、钡（Ba） 特点：密度小、化学活性大，与氧、硫、碳和卤素的化合物都相当稳定
		重有色金属	重有色金属是指密度在4.5kg/m³以上的有色金属，它包括铜（Cu）、镍（Ni）、铅（Pb）、锌（Zn）、锡（Sn）等；在国民经济各部门中，每种重有色金属根据其特性都有特殊的应用范围和用途
		贵有色金属	贵有色金属包括金（Au）、银（Ag）、铂（Pt）族元素，它们在地壳中含量少，开采和提取比较困难。共同特点：密度大、熔点高、化学性质稳定，能抵抗酸、碱腐蚀（银和钯除外），价格都很昂贵
		半金属/准金属	一般指硅（Si）、硒（Se）、碲（Te）、砷（As）、硼（B）等，此类金属的物理性能介于金属与非金属之间，如砷是非金属，但能传热导电
		稀有金属	通常是指那些在自然界中含量少、分布稀散或难以从原料中提取的金属，如钨（W）、钛（Ti）等
	特种金属		包括非晶态金属、高强高模铝锂合金、形状记忆合金、减震合金、超塑金属、储氢合金、超导合金等

2.2 黑色金属

黑色金属主要是指钢铁、锰、铬及它们的合金。在产品设计中，黑色金属的应用广泛，尤其是钢铁材料。通常，钢铁材料按其含碳量的不同分为纯铁、铸铁和钢三大类。

2.2.1 纯铁

纯铁是指含碳量低于0.02%的铁（不存在绝对的纯铁）。纯铁是重要的软磁材料，也是制造其他磁性合金的原材料。由于纯铁的强度不高，并且活性太强，故很少用作日用产品的材料。

2.2.2 铸铁

铸铁是指含碳量为2%～4%的铁碳合金，它是以铸造生铁为原料，在重熔后直接浇铸成的铸件。

铸铁在产品造型设计中应用非常广泛，它被大量地用于各种机床的箱体，以及机电产品中主要承受压力的壳体与基座等。由于铸铁成形表面进行的是粗加工，因此工件在肌理上较粗糙，反光较暗淡、质硬，故在心理上给人以凝重、坚固、粗犷的质感效果，与工作台面、精制的面板、装饰件、精加工的表面等形成质感对比，从而起到了材质衬托作用。

铸铁的铸造性优于钢，而且价格低廉，制作方便，常用于制造强度、韧性要求不太高、有良好消震性、耐磨性的零件，甚至较重要的零件，因此广泛应用于建筑（图2-2）、桥梁、工程部件、家具以及厨房用具（图2-3）等领域。

铸铁的含碳量越高，在浇铸过程中流动性就越好。铸铁中的碳元素以石墨和碳化铁两种形式存在，其中石墨的形态对铸铁的性能影响很大，因此将铸铁分为灰口铸铁、可锻铸铁和球墨铸铁三种。通常性能要求一般、形状复杂、主要承受压力的机器底座、床身、箱体、端盖、支架等机件采用灰口铸铁，形状复杂的曲轴、凸轮轴、大型减速齿轮采用可锻铸铁或球墨铸铁件。

（1）灰口铸铁

材料特性：灰口铸铁具有良好的铸造和切削加工性能，优异的耐磨性和减震性以及低的缺口敏感性，抗拉强度、塑性和韧性远低于钢，抗压强度远高于抗拉强度。

材料应用：灰口铸铁广泛用于制造各种需承受压力和有吸收震动要求的底座、机架，以及结构复杂需铸造成形的箱体、壳体等。

（2）可锻铸铁

材料特性：可锻铸铁强度、硬度低，塑性、韧性好，力学性能介于灰口铸铁与球墨铸铁之间，有较好的耐蚀性。

材料应用：可锻铸铁可用于形状复杂、承受较高冲击和振动的零件，如汽车后桥外壳等；也可用于制造在潮湿空气、炉气和水等介质中工作的零件，如石油管道、炼油厂管道、商用及民用建筑的供气和供水系统的管件、管接头、阀门等，如图2-4所示。

（3）球墨铸铁

材料特性：球墨铸铁的强度、塑性

图2-2 铸铁制护栏

图2-3 铸铁制炊具

与韧性都大大优于灰铸铁,力学性能可与相应组织的铸钢相媲美。缺点是凝固收缩较大,容易出现缩松与缩孔,熔铸工艺要求高。

材料应用:球墨铸铁的力学性能优于灰铸铁,与钢相近,可用它代替铸钢和锻钢制造各种载荷较大、受力较复杂和耐磨损的零件。如珠光体球墨铸铁常用于制造汽车、拖拉机或柴油机中的曲轴、连杆、凸轮轴、齿轮,机床中的主轴、蜗杆、涡轮等。而铁素体球墨铸铁多用于制造高受压阀门、机器底座、汽车后桥壳、窨井盖(图2-5)等。

图2-4 可锻铸铁制管道阀门

图2-5 球墨铸铁制窨井盖

2.2.3 钢

钢是指以铁为主要元素,含碳量为0.02%~2.11%的铁碳合金。含碳量的多少则直接影响到钢的性能,含碳量越高,钢的硬度和强度就越大,但其延展性会随着含碳量的增加而降低。

钢的种类繁多,其工艺不同、应用场景丰富。按钢材的化学成分可分为碳素钢和合金钢两大类,具体见表2-2。

表2-2 钢的分类

钢种	分类		编号原则	常用热处理	钢种举例	应用举例
碳素钢	普通碳素钢		Q表示屈服点,用最低屈服强度数值表示	—	Q235A	钢筋
	碳素结构钢		两位数字代表含碳量的万分数	调质或正火	45	小轴
	碳素工具钢		T表示碳素工具钢,数字代表含碳量的千分数	淬火后低温回火	T13	锉刀
合金钢	合金结构钢	低合金结构钢	数字表示含碳量的万分数,化学元素符号表示主加元素,后面的数字表示所加元素的百分数	—	16Mn	桥梁
		渗碳钢		渗碳后淬火、低温回火	20Cr	活塞销
		调质钢		调质	40Cr	进气阀

续表

钢种	分类		编号原则	常用热处理	钢种举例	应用举例
合金钢	合金结构钢	弹簧钢	数字表示含碳量的万分数，化学元素符号表示主加元素，后面的数字表示所加元素的百分数	淬火后中温回火	55Si2Mn	汽车板簧
		滚动轴承钢	G表示滚动轴承钢，数字表示含碳量的千分数	淬火后低温回火	GCr15	轴承内圈
		易切削结构钢	Y表示易切削结构钢，数字表示含碳量的万分数	调质	Y30	切削加工生产线
	合金工具钢	刃具钢	数字表示含碳量的千分数，化学元素符号表示主加元素，后面的数字表示所加元素的百分数	淬火后低温回火	9SiCr	丝锥
			含碳量为0.7%~1.4%，主加化物形成元素W、Cr、V、Mo	高温淬火后三次回火	W18Cr5V	铣刀
		模具钢	数字表示含碳量的千分数，化学元素符号表示主加元素，后面的数字表示所加元素的百分数	整体调质，表面氮化	Cr12	冷冲模
				淬火后多次回火	5CrMnMo	热锻模
	特殊性能钢	不锈钢		固溶处理	1Cr18Ni9Ti	医疗器械
		耐热钢		调质	1Cr11MoV	锅炉吊钩
		耐磨钢		水韧处理	ZGMn13	挖掘机的铲斗

此外，钢材按外形可分为型材、板材、管材、金属制品四大类。为便于采购、订货和管理，我国目前将钢材分为十六个大品种（表2-3）。

表2-3 钢材的分类

类别	品种	说明
型材	重轨	每米质量大于30kg的钢轨（包括起重机轨）
	轻轨	每米质量小于或等于30kg的钢轨
	大型型钢	普通钢的圆钢、方钢、扁钢、六角钢、工字钢、槽钢、等边和不等边角钢及螺纹钢等。按尺寸大小分为大、中、小型
	中型型钢	
	小型型钢	
	线材	直径5~10mm的圆钢和盘条
	冷弯型钢	将钢材或钢带冷弯成形制成的型钢
	优质型材	优质钢的圆钢、方钢、扁钢、六角钢等
	其他钢材	包括重轨配件、车轴坯、轮箍等

续表

类别	品种	说明
板材	薄钢板	厚度等于和小于4mm的钢板
	厚钢板	厚度大于4mm的钢板。可分为中板（厚度大于4mm、小于20mm）、厚板（厚度大于20mm、小于60mm）、特厚板（厚度大于60mm）
	钢带	也叫带钢，实际上是长而窄并成卷供应的薄钢板
	电工硅钢薄板	也叫硅钢片或矽钢片
管材	无缝钢管	用热轧、热轧-冷拔或挤压等方法生产的管壁无接缝的钢管
	焊接钢管	将钢板或钢带卷曲成形，然后焊接制成的钢管
金属制品	金属制品	包括钢丝、钢丝绳、钢绞线等

（1）碳素钢

碳素钢（简称碳钢）是指含碳量大于0.0218%而小于2.11%的铁碳合金。由于碳钢具有较好的力学性能和工艺性能，并且产量大、价格较低，因此它是设计中应用十分广泛的金属材料。由于耐腐蚀性较差，极易在空气中生锈，因此碳素钢产品一般都要对其表面进行防腐处理，如涂饰、电镀、表面改性等。根据其工业用途，通常又把碳素钢分为普通碳素钢、碳素结构钢和碳素工具钢。

①普通碳素钢。普通碳素钢是指在生产过程中不需要特别控制质量要求的钢种。它的成分控制不是很严、强度不高、焊接性能好、韧性和塑性好、价格低，常热轧成钢板、钢带、型钢、棒钢，用于桥梁和一些要求不高的零件。

②碳素结构钢。碳素结构钢是指含碳量不超过1%的铁碳合金，通常分为一般结构用压延钢材、钢（铁）板、钢（铁）丝、铸钢和机械结构零件用碳素钢等类型。

碳素结构钢具有良好的综合力学性能，主要用于建筑、造船、生产工具、桥梁、汽车、铁路、家具、家居产品和建筑领域。如图2-6所示的洗衣机，其外壳材料即为碳素结构钢。如图2-7所示为中国国家体育场"鸟巢"广场的夜景照明灯，其外形酷似"鸟巢"造型，所用材料为铸钢材质。

③碳素工具钢。碳素工具钢的含碳量为0.65%～1.35%，随着碳含量的逐渐增加，其硬度和耐磨性随之增强，但塑性和冲击韧性降低，主要用于制造各种金属加工工具（图2-8），如锻模、冷冲模、各种切削刀具等。

材料特性：碳素工具钢价格便宜、生产成本低，

图2-6 碳素结构钢制造的洗衣机外壳

图2-7 铸钢制的"鸟巢"景观灯

图2-8 碳素工具钢制切削工具

加工性能优良,强度、硬度较高,耐磨性好,但塑性和韧性较差。碳素工具钢的钢号用T及其后的数字表示,共有T7~T13七个钢号。钢号中T之后的数字,代表钢中平均含碳量的千分数。对于高级优质碳素工具钢,则在数字后加"A"。所以从碳素工具钢的钢号即可了解其含碳量,钢号越大,含碳量越高,强度和硬度越高,耐磨性越好,而塑性及韧性则越低。

材料应用:适用于制造各种加工工具,如表2-4所示。

表2-4 常用的碳素工具钢钢号、材料特性及应用举例

常用的碳素工具钢钢号	材料特性	应用举例
T7、T7A钢	制造能承受震动、冲击,并且在硬度适中情况下有较好韧性的工具	冲头、木工工具等
T8、T8A钢	制造要求有较高硬度和耐磨性的工具	冲头、木工工具、剪刀、锯条等
T9、T9A钢	制造一定硬度和韧性的工具	冲模、冲头等
T10、T10A、T11、T11A钢	制造耐磨性要求较高,不受剧烈震动,具有一定韧性及具有锋利刃口的各种工具	刨刀、车刀、钻头、丝锥等
T12、T12A钢	制造不受冲击、要求高硬度的各种工具	丝锥、锉刀等
T13、T13A钢	制造不受震动、要求极高硬度的各种工具	剃刀、刮刀、刻字刀具等

(2)合金钢

合金钢是在碳钢的基础上,加入一种或多种其他元素而获得的具有某些特殊性质和用途的钢铁材料,通常合金钢性能比碳钢更加优越。如图2-9所示为使用合金钢制作的轿车车身。

常用合金钢包括以下四大类型。

①低碳合金钢。这类钢的组成通常为低碳合金,其含碳量低于0.2%,常加入的

图2-9 使用合金钢制作的轿车车身

合金元素有 Mn、Si、Ti、Nb、V 等。低含碳量使钢具有良好的塑性、焊接性和冷变形能力，而合金元素提高了钢的强韧性。

低合金高强度结构钢是一类可焊接的低碳低合金工程结构用钢，具有较高的强度，良好的塑性、韧性，良好的焊接性、耐蚀性和冷成形性，低的韧脆转变温度，适于冷弯和焊接，广泛用于桥梁、车辆、船舶、锅炉、高压容器和输油管等，如图 2-10 所示。在某些场合用低合金高强度结构钢代替碳素结构钢可减轻构件的重量。

图 2-10 低合金高强度结构钢用于桥梁建设

易切削结构钢具有切削抗力小、对刀具的磨损小、切屑易碎、便于排除等特点，主要用于大批量生产的螺柱、螺母、螺钉等标准件（图 2-11），也可用于轻型机械，如自行车、缝纫机、计算机零件等。

低合金耐候钢具有良好的耐大气腐蚀的能力，是近年来我国发展起来的新钢种。此类钢主要加入的合金元素有少量的铜、铬、磷、钼、钛、铌、钒等，使钢的表面生成致密的氧化膜，提高耐候性。这类钢可用于农业机械、运输机械、起重机械、铁路车辆、建筑、塔架等构件，也可制作铆接和焊接件，如图 2-12 所示。

②合金结构钢。合金结构钢的用途与碳素结构钢的相应类型近似，但由于在碳素结构钢的基础上添加了一种或数种合金元素，其力学性能明显优于碳素结构钢，因而能满足更高性能的要求，如图 2-13 所示。

图 2-11 结构钢用于制作螺栓、螺母等标准件

图 2-12 起重设备——港口龙门吊

图 2-13 合金结构钢用于联轴器的制造

合金结构钢主要有合金渗碳钢、合金调质钢和合金弹簧钢等，其特性及应用条件、应用案例具体见表2-5。

表2-5 常用的碳素工具合金结构钢类别

类别	应用条件	应用领域	常用钢材标号
合金渗碳钢	外硬内韧，用于承受冲击的耐磨件	汽车、拖拉机中的变速齿轮、内燃机上的凸轮轴、活塞销等	20Cr、20CrMnTi、20Cr2Ni4
合金调质钢	机械结构用钢的主体，用于制造在多种载荷（如扭转、弯曲、冲击等）下工作、受力比较复杂、要求具有良好综合力学性能的重要零件	汽车、拖拉机、机床等上的齿轮、轴类件、连杆、高强度螺栓等	40Cr、35CrMo、38CrMoAl、40CrNiMoAe
合金弹簧钢	机械结构用钢的主体，制造各种弹簧、卷簧、板簧、拉簧和弹簧垫圈等结构件	应用于重型机械、铁道车辆、汽车、拖拉机上	60Si2Mn、50CrVA、30W4Cr2VA

③合金工具钢。合金工具钢的用途与碳素工具钢的相应类型近似，按照其用途可以分为量具钢、刃具钢和模具钢，合金工具钢制作的低速切削刃具如图2-14所示。

量具钢主要用于测量工具（如卡尺、千分尺、块规、样板等），要求具有高硬度、高耐磨性、足够的强韧性。常用量具钢如Cr2、CrWMn等。

刃具钢用于制造低速切削刃具（如木工工具、钳工工具、钻头、铣刀、拉刀等）和中、高速切削刀具（如车刀、铣刀、铰刀、拉刀、麻花钻等），要求具有高耐磨性和高的热硬性（即刃具在高温时仍能保持高的硬度）。常用刃具钢如9SiCr、W18Cr4V、W6Mo5Cr4V2和W9Mo3Cr4V等。

模具钢用于冷态或热态下金属的成形加工，如冷冲模、冷挤压模、剪切模、热锻模、压铸模、热挤压模等。常用模具钢如Cr12、Cr12MoV、5CrMnMo和5CrNiMo等。

④特殊性能钢。特殊性能钢是指不锈钢、耐热钢、耐磨钢（图2-15）等一些具有特殊物理和化学性能的钢，又称为特殊用途钢，简称特殊钢。

不锈钢具有抵抗腐蚀介质锈蚀的特

图2-14 合金工具钢制作的低速切削刃具

图2-15 耐磨钢用于风机叶片的制作

殊性能，表面经抛光和亚光处理后可广泛用于建筑、家具类、车辆、机械、餐具（图2-16）以及化学装置方面。不锈钢分为三大主要类型：奥氏体不锈钢、马氏体不锈钢和铁素体不锈钢。

图2-16 不锈钢餐具

奥氏体不锈钢： 奥氏体不锈钢除有较高的Cr含量（18%Cr）外，还有较高的Ni含量（9%Ni）。

材料特性：该类钢种具有稳定的奥氏体组织，其强度、硬度较低，但塑性、韧性很好，耐蚀性较好，无磁或弱磁性，还不易出现低温脆性，适于在较低温度使用。

材料应用：奥氏体不锈钢是目前产品造型设计中应用最广的不锈钢（图2-17）。在化学工业中用于管道、阀、螺栓、泵、冷凝器、油槽、化工容器等，在食品工业中用于盛酒和盛奶的容器、制糖器具等；在建筑业中用于室内装饰的金属制品、墙根柱、家具用品等。另外，还可用于汽车散热器、飞机零件以及医疗器械等。

马氏体不锈钢： 马氏体不锈钢中Cr含量一般为13%，碳含量为0~0.4%。

材料特性：马氏体系列的不锈钢随碳含量的增加，强度、硬度提高，耐蚀性能下降，变形与焊接加工性能变差。

材料应用：马氏体不锈钢多被用于制造力学性能要求高，耐磨性要求相对较低的零件。广泛应用于家庭器具和板材、螺钉、螺母之类，还可作为结构零件，如汽轮机叶片、医疗器械（图2-18）、通过淬火硬化制作的刀具等。

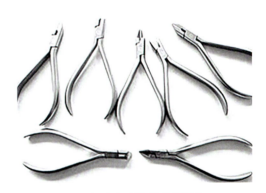

图2-18 马氏体不锈钢制作的手术器械

铁素体不锈钢： 铁素体不锈钢是在马氏体不锈钢成分的基础上，降低碳含量或提高镉含量，使钢的组织保持稳定的单相铁素体组织。

材料特性：铁素体不锈钢有良好的耐腐蚀性，其缺点是韧性低，冷塑性变形能力差，焊接或在350~500℃长时间加热后易发生脆化。

材料应用：这类钢质软，易于加工，塑性好，强度低，主要用于制作化工设备中

图2-17 304不锈钢（奥氏体）制作的厨房水槽

的容器、管道、洗衣机的内桶、热水器的内胆等；还常应用于卫浴设施，如淋浴喷头、水龙头等。这些产品不仅外观美观，而且能够抵抗水垢和腐蚀（图2-19），保持长时间的使用寿命。

2.3 有色金属

图2-19 铁素体不锈钢制作的筷子沥水筒

工业上把除钢铁材料以外的其他金属及其合金统称为有色金属材料（也称非铁金属）。有色金属材料的种类很多，如铝、铜、锡、铅及其合金等。虽然有色金属材料与黑色金属材料相比产量低、价格高，但由于其具有某些特殊性能，在机械制造、化工、电器、航空、航天、冶金及国防等领域得到广泛应用，特别是以铝、镁、钛为代表的金属材料，由于其比强度高，使用和工艺性能优异，表面装饰效果丰富，因此在产品设计领域有更大的发展前景和应用价值。

2.3.1 金属铝和铝合金

（1）纯铝

纯铝是呈银白色的低熔点轻金属，密度小，导电、导热性能仅次于金、银、铜，光反射率高，具有良好的塑性加工性能。纯铝表面能生成致密的氧化膜，在空气中具有良好的耐蚀性，铸造性能较差。铝材料的纯度越高，其导电和导热性能也就越好。所以高纯度的铝主要用于制造电缆、电容等电气元件、炊具、器皿、散热元件、铝箔等，利用其反射率高的特性也可用于制造反射镜。如图2-20所示为纯铝材质的笔记本电脑散热器。

图2-20 纯铝材质的笔记本电脑散热器

（2）铝合金

在纯铝中添加硅、铜、镁、锌、锰等合金元素形成的铝合金具有力学性能良好且密度小的特点，即具有高的比强度（强度与密度之比），因此在工业产品中得到日益广泛的应用。

常用铝合金可以分为铸造铝合金和变形铝合金两种，如图2-21所示。

①铸造铝合金。铸造铝合金主要有Al-Si系、Al-Cu系、Al-Mg系、Al-Zn系四个系列。

材料特性：铸造铝合金塑性、韧性差，但是流动性好，具有良好的铸造和焊接性能、耐腐蚀性和耐热性。

图2-21　铸造铝合金制作的工业零件和变形铝合金制作的轿车车门

Al-Si系合金铸造性能优良（流动性好、收缩率小、热裂倾向小），具有一定的强度和良好的耐腐蚀性。Al-Cu系合金具有高的耐热强度。Al-Mg系合金具有较高的耐蚀性，耐酸和耐海水腐蚀性优异。Al-Zn系合金具有较高的强度。

常用铸造铝合金的特性及应用案例见表2-6。

表2-6　常用铸造铝合金的特性及应用案例

材料类别	材料特性	适用条件	应用案例
Al-Si系合金	铸造性能优良（流动性好、收缩率小、热裂倾向小），具有一定的强度和良好的耐腐蚀性	适用于制造形状复杂、承载载荷较小，要求质轻，并有一定耐腐蚀性和耐热性要求的薄壁铸件	仪器仪表面板、壳体、气缸体、气缸盖、发动机箱体等，见图2-21
Al-Cu系合金	具有高的耐热强度	适用于制造需要在高温下工作的零件	内燃机气缸盖、活塞、低于300℃的飞行受力铸件、内燃机气缸头
Al-Mg系合金	具有较高的耐蚀性，耐酸和耐海水腐蚀性优异	适用于制造泵体及长期在大气和海水中工作的耐蚀零件	轮船和内燃机配件等
Al-Zn系合金	具有较高的强度	适用于制造形状复杂、承受较高载荷的零件	飞机、汽车零件和精密仪表零件等

材料应用：Al-Si系合金是非常常用的铸造铝合金，俗称硅铝明。用于制造形状复杂、承载载荷较小，要求质轻，并有一定耐腐蚀性和耐热性要求的薄壁铸件，如仪器仪表面板、壳体、气缸体、气缸盖、发动机箱体、汽车轮毂（图2-22）等。

Al-Cu系合金适宜制造内燃机气缸盖、活塞等高温下工作的零件，如工作温度≤300℃的飞行受力铸件、内燃机气缸头（图2-23）等。

Al-Mg系合金适宜制造泵体、长期在大气和海水中工作的耐蚀零件，如轮船和内燃机配件等。

Al-Zn系合金适宜制造形状复杂、承受较高载荷的零件，如飞机、汽车零件和精密仪表零件等。

著名设计师菲利普·斯塔克（Philippe Starck）的经典设计作品——外星人榨汁器

（图2-24），也是由抛光的铸铝合金制作而成的。

图2-22　铝合金汽车轮毂

图2-23　全铝合金发动机

图2-24　外星人榨汁器

②变形铝合金。变形铝合金主要有防锈铝合金，比强度（强度与密度之比）极高的硬铝和超硬铝，热塑性和锻造性能优良的锻铝等，被广泛应用于电子产品、飞机、汽车的结构件、螺旋桨、高速列车蒙皮等的材料（图2-25）。

材料特性：防锈铝合金耐腐蚀性能优异，具有良好的塑性和焊接性能，但强度不高；硬铝硬度高、比强度（强度与密度之比）接近高强度钢，但耐腐蚀性低于纯铝，尤其是不耐海水腐蚀；超硬铝合金的比强度接近超高强度钢，但耐腐蚀性较差，常采用压延法在其表面包覆铝，以提高耐腐蚀性；锻铝的力学性能接近硬铝，耐腐蚀性较好，在加热状态下具有优良的锻造性。

材料应用：防锈铝合金主要用于冲压方法制成的中、轻载荷焊接件和耐蚀件，如油箱、管道、饮料易拉罐和生活器具等（图2-26、图2-27）。铝镁系的防锈铝合金耐酸性和耐海水腐蚀性好，广泛应用于建筑、车辆、轮船的内外装饰、家具等。硬铝用于制造质轻的中等强度结构件，在航空工业上应用较多，如飞机上的骨架零件、蒙皮、翼梁、铆钉、螺旋桨叶片等，现在硬铝面板也开始被应用于手机或笔记本电脑外壳等电子消费品领域。

超硬铝多用于制造飞机上受力较大、要求强度高的部件，如飞机的大梁、桁架、翼肋、起落架等（图2-28）。

图2-25　变形铝合金制作的高铁蒙皮

图2-26　防锈铝合金制作的易拉罐

图2-27 防锈铝合金制造的建筑导视牌

图2-28 超硬铝应用于飞机起落架

锻铝主要用于制造要求密度小、中等强度、形状比较复杂的锻件和冲压件,如内燃机活塞、离心式压气机的叶轮、叶片、飞机操纵系统中的摇臂等。

2.3.2 铜和铜的合金

(1) 纯铜

纯铜的导电、导热性能在金属中仅次于银,具有良好的塑性、加工性和焊接性,但强度不高,铸造性能差。纯铜在工业中主要应用于电线、电缆、电气设备、散热设备和装饰材料。

(2) 铜合金

铜合金是人类利用较早的金属合金之一,是以铜为基体,加入合金元素形成的合金。铜合金与纯铜比较,不仅强度高,而且具有优良的物理、化学性能,故广泛应用于工业产品领域。常用的铜合金有黄铜、青铜和白铜。

①黄铜。黄铜为铜锌二元合金,具有明亮的金黄色泽,良好的力学性能、耐腐蚀和冷热加工性能,广泛用于装饰品和建筑五金器具;但是由于黄铜中锌的独特属性,该材料不能使用焊接工艺。黄铜可分为普通黄铜和铸造黄铜。

普通黄铜具有良好的力学性能、耐腐蚀性和工艺性能,主要分为以下两类。

"七三"黄铜,又称为冷加工黄铜,即黄铜中铜锌含量比接近7:3,材料具有极好的塑性变形能力,可以在常温下进行塑性加工。牌号H68、H70等黄铜材料适于制造形状复杂、耐腐蚀的冲压件,如弹壳、散热器外壳、导管、雷管等。

"六四"黄铜,又称为热加工黄铜,即黄铜中铜锌含量比接近6:4,需要在加热条件下进行塑性变形,但是具有较高的强度和耐腐蚀性。如牌号H59、H62等黄铜材料,适合进行热变形加工,有较高强度,可制造一般机器零件,如铆钉、垫圈、螺钉、螺母等。

黄铜制品见图2-29。

铸造黄铜具有良好的铸造性能和加工工艺性能。通常用于形状复杂的一般结构件和耐腐蚀零件、电机、仪表中的压铸件以及船舶、内燃机零件等,如各种管道阀门、法兰、支架、卫浴龙头等。

②青铜。青铜是铜锡二元合金,具有良好的铸造性能,常用作铸造金属件和装饰雕塑材料。常用青铜材料包括锡青铜、铝青铜、铍青铜、铅青铜等,见表2-7。

图2-29 黄铜制品

表2-7 常用的青铜合金

材料类别		材料特性	应用领域	应用案例
青铜合金	锡青铜	耐磨性好（优于黄铜），耐大气、海水腐蚀的能力强	适用于铸造形状复杂，致密性要求不高，要求耐磨、耐蚀的零件	泵体、轴瓦、齿轮、涡轮等，青铜器工艺品和雕塑
	铝青铜	耐蚀性好（优于锡青铜），较高的强度、硬度，但收缩率比锡青铜大	制造在海水和较高温度下工作的高强度耐磨零件	轴承、齿轮、涡轮等
	铍青铜	结构材料，具有较高的强度、硬度、良好的耐蚀性、耐疲劳性、导电性和导热性，且无磁性，受冲击不产生火花	制造各种精密仪器、仪表中的弹性零件和耐腐蚀、耐磨的零件	钟表齿轮、航海罗盘、电焊机电极、防爆工具等
	铅青铜	高耐磨性、高耐腐蚀性、自润滑性、良好的加工性能和可靠的力学性能	制造在潮湿、高温或海水介质环境下使用的大尺寸机械零件	大尺寸的轴承、齿轮、螺栓、螺旋桨、螺钉、鱼叉头、海水阀等

材料特性：锡青铜的耐磨性好，耐大气、海水腐蚀的能力比黄铜强。铝青铜比黄铜和锡青铜有更好的耐蚀性，有较高的强度、硬度，但收缩率比锡青铜大。当铝青铜的含锡量小于5%时，有良好的塑性，适宜于冷变形加工；当含锡量在5%～7%时，强度高，适宜于热变形加工；当含锡量大于10%时，强度高，适宜于铸造。铍青铜具有较高的强度、硬度，良好的耐蚀性、耐疲劳性、导电性和导热性，且无磁性，受冲击不产生火花等，是一种综合性能较好的结构材料，但材料成本较高，工艺复杂。铅青铜具有高耐磨性、抗疲劳能力、自润滑性、良好的加工性能和可靠的力学性能，高耐腐蚀性尤其是耐海水腐蚀能力强。

材料应用：压力加工锡青铜在造船、化工、机械、仪表等工业中广泛应用，适用于制造轴承，耐蚀、抗磁零件和弹簧等。

铸造锡青铜适用于铸造形状复杂，致密性要求不高，要求耐磨、耐蚀的零件，如泵体、轴瓦、齿轮、涡轮等，也是青铜器工艺品和雕塑（图2-30）的常用材料。

铝青铜常用于制造在海水和较高温度下工作的高强度耐磨零件，如轴承、齿轮、涡轮等，也可制造仪器中耐腐蚀的零件和弹性零件。

铍青铜主要用于制造各种精密仪器、仪表中的弹性零件和耐腐蚀、耐磨零件，如钟表齿轮（图2-31）、航海罗盘、电焊机电极、防爆工具等。

铅青铜广泛应用于机械制造、海洋工程、航空、电力、化工等领域，如制造尺寸较大的轴承、齿轮、螺栓等，用于海水介质中的螺旋桨、螺钉、鱼叉头、海水阀等。

图2-30　青铜雕塑

图2-31　铍青铜制作的钟表齿轮

2.3.3　镁和镁合金

镁是地球上储量丰富的轻金属元素，它的密度为1740kg/m³，约为铝的64%、锌的25%、钢的33%。镁不仅具有银白色光泽和优良的性能，而且是日常应用中最轻的结构金属。

镁合金是指在纯镁中加入铝、锌、锂、锰、锆和稀土元素形成的合金。它具有较高的强度，可以作为结构材料。镁合金的加工速度快于其他金属，易于高温作业，并能通过喷漆和电镀进行精加工，且具有易焊接和良好的耐腐蚀性特点。镁基合金作为最轻质的商用金属工程结构材料，具有较高的比强度和比弹性模量，较好的阻尼吸震降噪性能、铸造成形性，较好的机加工和表面装饰性，易于回收利用等特点，被誉为21世纪最富于开发和应用潜力的"绿色材料"。但这种金属对于应力集中较为敏感，所以零件的设计要避免凹槽等。

镁合金作为目前密度最小的金属结构材料之一，广泛应用于航空航天工业、军工领域、交通领域（包括汽车工业、飞机工业、摩托车工业、自行车工业等）、生物医疗、建筑装饰、军工电子、"3C"类电子产品等高精尖产品领域。

在汽车领域，镁合金用作汽车零部件（图2-32）通常有以下优点。

①提高燃油经济性综合标准，降低废气排放和燃油成本。据测算，汽车所用燃料的60%消耗于汽车自重，汽车每减重10%，耗油将减少8%～10%。

图 2-32 镁合金汽车零部件

②重量减轻可以增加车辆的装载能力和有效载荷，同时可改善刹车和加速性能。

③可以极大改善车辆的噪声、振动现象。

在"3C"电子产品领域，由于数码产品是当今全球发展最快的产业，在其朝着轻、薄、短、小方向发展趋势的推动下，镁合金的应用将大幅增长。比如高端的照相机与摄像机大多青睐于镁合金的机身设计，如图2-33所示。这是因为镁合金做的内构件具备坚固、散热佳和可以模块化的特性，同时以镁合金作为电子产品机壳，具备质轻和外观质感佳的优点。

选用镁合金制作折叠智能电动轮椅（图2-34），也是利用其非常轻的结构材料特性，能够在保证零部件强度的前提下，有效减轻产品重量、节约电力消耗，使产品更加便携，易用性更好。

同时，镁合金存在易氧化、抗腐蚀性差、熔点低等缺点。如果镁合金在空气中暴露时间过长，就会变得黯淡无光，产生灰蒙蒙的颜色。若将其应用在产品外壳，需要有塑料或橡胶等材质包裹以防止腐蚀。

图 2-33 镁合金照相机机身

图 2-34 镁合金制作的折叠轮椅

2.3.4 锌和锌合金

金属锌的耐腐蚀性较强，在钢板表面进行镀锌处理能够提高其防锈能力，俗称白铁皮（图2-35）。

锌合金的主要添加元素有铝、铜和镁等，锌合金按加工工艺可分为变形锌合金与铸造锌合金两类，用途非常广泛。变形锌合金主要用作电池外壳、印刷板、房屋面板和日用五金、工艺美术品、塑料模具、旋钮和橡胶制品模具，典型产品如家具五金配件、钥匙扣、钟表外壳、开瓶器、玩具模型等。铸造锌合金的流动性和耐腐蚀性较好，适用于压铸仪表、汽车零件外壳等（图2-36）。

图2-35 白铁皮冰桶

图2-36 镀锌产品的典型应用

2.3.5 锡和锡合金

锡是一种质地较软的金属，熔点较低，可塑性强。锡是排在铂、金及银后面的第四种贵金属，它富有光泽，无毒，不易氧化变色，具有很好的杀菌、净化、保鲜效用，在金属中享有"绿色金属"的美誉。生活中常用于食品保鲜、罐头内层的防腐膜等。

金属锡具有良好的耐腐蚀性，常在钢板表面进行镀锡处理用作食品包装容器，俗称马口铁，广泛应用于食品和药品等的包装容器材料（图2-37）。锡在常温下富有展性，在100℃时可以展成极薄的锡箔，用于香烟、茶叶、糖果等的包装材料（图2-38和图2-39），以防受潮。近年来，我国已逐渐用铝箔代替锡箔。铝箔与锡箔很易分辨——锡箔比铝箔光亮得多。但是锡的延性却很差，一拉就断，所以不能拉成细丝。

锡的耐高温和耐低温能力都比较差，因此温度低的时候要注意锡器的损伤。用锡焊接的金属制品也要注意在低温下的破坏。锡器的材质是一种

图2-37 镀锡马口铁盒子

合金，其中纯锡含量在97%以上，不含铅的成分。由于锡及其合金丰富的表面处理工艺，因此锡器具有典雅的外观造型及平和柔滑的特性，能制成酒具、烛台、茶具、工艺饰品等多种产品，如图2-40所示。

图2-38　烘焙用锡箔纸

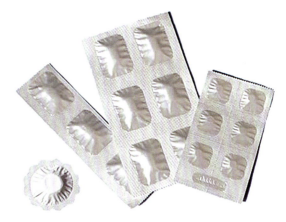

图2-39　用锡箔纸制成的药品包装

图2-40　锡制茶具

2.3.6 钛和钛合金

纯钛是银白色的金属，密度为4.54g/cm³，比钢轻43%，比轻金属镁略重。机械强度与钢差不多，比铝大2倍，比镁大5倍。钛和钛合金大量用于航空工业，有"空间金属"之称，使用钛合金制造的飞机比其他金属制造的相同重量的飞机可多载旅客100多人。

金属钛熔点高，比黄金高1000K，比钢高500K，具有优异的耐高温性能。在常温下，钛表面易生成一层极薄的致密的氧化物保护膜，可以抵抗强酸甚至王水的作用，具有极强的抗腐蚀性，优于铂金。

钛金属具有"亲生物"性。在人体内能抵抗分泌物的腐蚀且无毒，对任何杀菌方法都适应，因此被广泛用于制造医疗器械。由于其具有很高的安全性，对人体的影响较小，因此常用来制造植入人体内的医疗器件、假体或人工器官和辅助治疗设备，如人造髋关节、膝关节（图2-41）、肩关节、肋关节、头盖骨以及主动心瓣、骨骼固定夹等。

钛合金拥有形状记忆特性、超弹性和极佳的减震性能，可以被用于制作眼镜架、运动装备和器材。特别是在高尔夫运动器材的应用中，将其材料特性发挥得淋漓尽致（图2-42）。钛的密度小，强度大，可以把高尔夫球杆的球头做得更大，而不会增加球杆的总重量。在广泛的试验中，高尔夫球手用钛球头的击中率比用钢球头的击中率平均可提高20%，而且击球距离有所提高。目前，钛合金在高尔夫球杆、球头设计制造中的应用仍是钛在民用领域应用的一大支柱。

钛合金还具有极高的抗拉强度和弹性、高抗疲劳耐久性等众多优异性能，作为功能性材料被应用于国防、机械、能源、交通、航空、控制等高新科技领域，成为近年来极受关注的尖端材料。钛合金制造的潜艇见

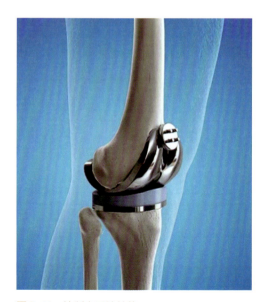

图2-41 钛制人工膝关节

图2-42 高强度、高弹性的钛合金高尔夫球杆

图2-43,既能抗海水腐蚀,又能抗深层压力,其下潜深度比不锈钢潜艇增加80%。由于钛无磁性,不会被水雷发现,故而具有很好的反监护作用。

图2-43　钛合金制造的核潜艇

思考与研究课题

选择一种金属材料（如碳素钢、合金钢、铸铁、铝合金、铜合金、镁合金、钛合金等），研究该金属材料在产品设计中的应用领域。

要求：分组调研，制作电子版展示报告，课堂讨论和交流。

第 3 章
塑料

3.1 塑料的定义及分类

3.2 热塑性塑料

3.3 热固性塑料

CHAPTER

导　　言： 人们生产生活中应用最多最广的材料，一直随着生产力的发展和生活水平的进步在不断变化。环顾四周，看看在目前的生活中，大家最离不开的是哪些材料呢？想必其中一定有塑料，作为最具有代表性的一类高分子材料，这种材料可以说是20世纪设计师最喜爱的材料。

本章重点： 本章主要介绍了材料属性好、应用范围广的石油基类塑料，包括可以重新熔化利用的热塑性塑料，和不可回收重复利用的热固性塑料。并从设计的角度结合案例介绍了CMF的应用领域，重点是材料特点、加工工艺、表面处理方式、材性优劣和适用范围等，为产品CMF选择提供依据。

教学目标： 通过本章的学习，学生能够建立塑料类材料的基本CMF专业认识，并结合具体的某种应用领域，将时尚、造型、用色、成本等结合起来考虑这类材料的选用原则。

课前准备： 教师可根据教学内容，以身边的塑料制品作为教学器材。

教学硬件： 多媒体教室、产品CMF色板。

学时安排： 本章建议安排4~8个课时。

本章内容导览如图3-1所示。

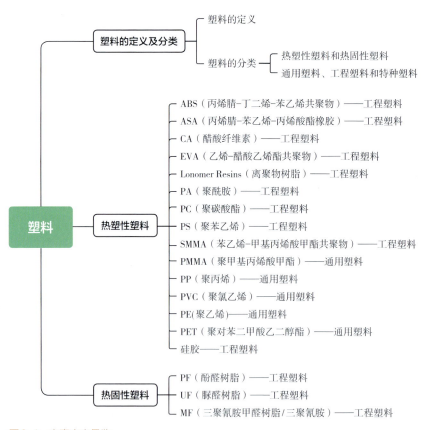

图3-1　本章内容导览

3.1 塑料的定义及分类

3.1.1 塑料的定义

塑料是一种高分子有机物质——以合成树脂为主要成分的材料，树脂占塑料总重量的40%～100%。它在加工完成时呈固态形状，在制造及加工过程中可以借材料的流动性来塑造形状。塑料的基本性能主要取决于树脂的本性，但添加剂也起着重要作用。

在国民经济中，得益于塑料本身所具备的轻质、抗腐、价廉、可塑和再利用等诸多优点，在家用电器、包装、汽车、医疗、建筑、航空航天等领域均得到广泛应用。塑料制品涵盖了从婴幼儿用品到养老康护设备，从手机、计算机、扫地机器人等消费类电子产品到汽车、高铁、飞机等交通工具的各类零部件。在选择具体材料时，需要根据产品的性能要求、加工条件以及成本等多方面因素进行权衡。

目前，塑料是国民经济中四大基础材料之一，也是电器电子产品的主要制造材料，推动着社会生产力的发展。随着电器电子产品的频繁更新换代，产品报废数量急速增长，塑料制品降解困难、资源浪费与过度使用带来的环境污染与破坏问题也不可忽视（图3-2）。这也为产品设计师们敲响警钟：如何在设计的过程中做到产品材料的合理化应用与可回收再生利用，避免由于这些塑料制品难以降解处理，造成环境污染、土壤恶化和人体健康问题。

图3-2 废弃电器、电子产品带来的环境污染问题

3.1.2 塑料的分类

（1）热塑性塑料和热固性塑料

根据塑料受热后的性能表现，可以把塑料分为热塑性塑料和热固性塑料。

热塑性塑料是一类应用很广的塑料，它是以热塑性树脂为主要成分，在加工过程中能熔融流动、温度下降到一定范围后能逐渐凝固成一定形状并保持不变的塑料。热塑性塑料具有加热软化、冷却硬化的特性，而且不发生化学反应，无论加热和冷却重复进行多少次，均能保持这种性能。

热固性塑料是指在受热或其他条件下固化后不溶于任何溶剂，不能用加热的方法使其再次软化的塑料。但是当加热温度过高时热固性塑料就会分解。

（2）通用塑料、工程塑料和特种塑料

根据塑料不同的使用特性，也可将塑

料分为通用塑料、工程塑料和特种塑料三大类。

通用塑料一般是指产量大、用途广、成型性好、价格便宜的塑料，如PE（聚乙烯）、PP（聚丙烯）、PVC（聚氯乙烯）、PMMA（聚甲基丙烯酸甲酯）等。通用塑料产量占整个塑料产量的90%以上，故又称为大宗塑料品种。

工程塑料一般是指能承受一定外力作用，具有良好的力学性能和耐高、低温性能，尺寸稳定性较好，可以用作工程结构和代替金属制造机器零部件的塑料，但价格比通用塑料贵，如ABS（丙烯腈-丁二烯-苯乙烯）、PA（聚酰胺）、PC（聚碳酸酯）、PS（聚苯乙烯）等。

特种塑料一般是指具有特种功能，可用于航空、航天等特殊应用领域的塑料，如氟塑料（耐高温性）、有机硅（自润滑性）、增强塑料（高强度性）和泡沫塑料（高缓冲性）等。

需要注意的是，通用塑料和工程塑料的内涵是动态的概念，常随时代及科学技术的发展而变化。

3.2 热塑性塑料

3.2.1 ABS——工程塑料

ABS（丙烯腈-丁二烯-苯乙烯共聚物）是用途最广的塑料之一。对于设计师来说，ABS是材料清单中最易选取的材质。

材料特点：ABS加工手段多样；尺寸稳定性优异，可实现极高的制造公差（0.002mm）；质地硬、防刮擦；硬度高；易于色彩搭配、光泽度高；低温耐冲击强度高；可回收。

加工工艺：有较高的耐冲击强度和很好的机械强度，具有良好的加工性能，可用所有主要的塑料加工工艺成型——注射、挤塑、吹塑、压延、聚合、发泡、热成型，还可以焊接、涂覆、电镀和机械加工。ABS在加工过程中稳定性好，产品精度极好，在成品部件的表面不会出现凹陷和下塌的变形问题。ABS容易进行精准配色。

表面处理：水镀（需要使用电镀级ABS材料）；真空镀；喷油；丝印、移印、烫金等。

连接方式：卡扣连接；螺栓连接；热熔焊接；超声波焊接；胶水黏结等。

材料优势：价格低；用途广；易于加工；韧性极佳，耐冲击性好；可回收。

材料劣势：高温下易燃；防紫外线性能差。

适用范围：ABS适用范围非常广泛，其应用领域从汽车（仪表板、工具舱门、反光镜盒等）到高尔夫球手推车以及喷气式雪橇等专业运动器材，从儿童玩具、桌椅家具到冰箱、烘干机、搅拌器等家电制品以及电子产品的外壳等。

典型产品：拼接积木（图3-3），ABS在积木中的应用展示了它的不易碎性；而高公差使积木的拼插结构能够配合紧密，可以保持装配拆卸无数次而不松动脱落。

图3-3 由ABS制成高精度积木

3.2.2 ASA——工程塑料

ASA（丙烯腈-苯乙烯-丙烯酸酯橡胶）树脂具有类似于ABS的特性，但是该材料最主要特征就是耐候性好。ASA具有良好的抵御紫外线和氧化降解的性能，使其成为适合户外使用的材料，在经受了暴晒、雨淋、霜冻后，塑料的表面也不会出现老化、褪色或呈现"环境应力开裂"的裂纹。

材料特点：加工手段多样；抗紫外线能力优异；透明度高；耐冲击性好；耐化学腐蚀性优异；耐热性好；可回收。

加工工艺：和ABS塑料一样，ASA这种工程热塑性塑料易于加工，常用的加工工艺有注射和挤出成型等。由于ASA在熔融状态下具有很好的流动性，因此适合加工复杂模型。

材料优势：耐光性、耐候性好，来源广泛，耐磨、易着色。

材料劣势：燃烧时释放出有毒烟雾。

适用范围：ASA能够延长户外产品的使用寿命，其应用领域主要包括汽车、建筑施工和休闲类产品。具体产品包括庭院家具、庭院灯、洒水车、微波炉、真空吸尘器、洗衣机、压型玻璃和卫星天线等。

典型产品：出色的耐化学品性、耐冲击性、耐褪色性使ASA成为外部耐候性应用的主要选材。所以ASA通常应用于汽车工业，汽车零部件无须喷漆也不会褪色。部分汽车采用ASA制造了后视镜（图3-4）。

图3-4 某汽车ASA材料后视镜

3.2.3 CA——工程塑料

CA（醋酸纤维素）又名"硝化棉"，其表面漂亮，加工简单，握在手里有种温暖的感觉。因其亲肤性被普遍用于手持工具、眼镜框架等"和肌肤靠得很近"的地方。又因为它具备时尚的质感美，时尚领域也经常用它制作一些特别的服装配饰。

材料特点：韧性好；源于可再生能源；自抛光；手感温暖；可手工打磨；耐腐蚀性差；可回收。

加工工艺：作为热塑性材料，CA具有良好的力学性能，如韧性和光学透明度。该材料非常适合注射成型、浇注或热压成型等工艺。需要特别注意的是，因为在薄壁状态下缺乏良好的尺寸稳定性，所以CA不适合吹塑和旋转成型。

材料优势：触感很好；韧性极佳；来源广泛。

材料劣势：耐腐蚀性能差；薄壁的尺寸稳定性差。

适用范围：CA材料手感好、能带给人温暖的感受，因此适用于各种直接接触皮肤的产品应用，包括牙刷、工具手柄、发夹、餐具柄、玩具、扑克牌、骰子、螺丝刀手柄和太阳镜架等生活用品；也广泛应用于如箱包扣环和拉链、皮带和珠宝首饰等其他时尚配件。

典型产品：大部分CA原料是扁平的片材，是制造板材眼镜架的理想材料（图3-5）。

图3-5 人造玳瑁板材（CA）制作的太阳镜

3.2.4 EVA——工程塑料

作为一种热塑性塑料，EVA（乙烯-醋酸乙烯酯共聚物）在自然状态下呈白色的半透明状，有良好的着色性。它比LDPE（低密度聚乙烯）更柔软，透明度更高，更有弹性，这使它更不容易开裂。与其他弹性材料如硅胶和TPE相比，它具有更好的耐温性。

材料特点：吸收能力性能优；韧性优；柔韧性和柔软度好；熔融温度低（65℃）；易着色；具有生物惰性；可回收。

加工工艺：EVA可以通过注射成型、挤塑成型、吹塑成型、热塑成型等进行工艺加工。在成型期间，它能保持良好的精度、稳定的结构和一步到位的色彩，不会发生任何断裂或无计划的弯曲，是一种让人非常放心的材料。

材料优势：坚韧、抗震；柔软；着色效果好；来源广泛；可回收。

材料劣势：耐高温，不耐低温。

适用范围：EVA被广泛用于电子电器的防震防滑和密封保温部件，如制造汽车脚垫、手柄套、订书机底座、自行车座、老黑胶唱片转盘垫，热熔胶枪的胶水、跑鞋底、吸尘器软管等。因为它不含增塑剂，还可以制造婴儿奶嘴和冰块托盘等产品。在医疗设备中常用作PVC的替代品。

典型产品：EVA可能是跑鞋中最普通的材料，它是一种多功能、柔软的橡胶共聚物，从致密橡胶到加气形式，可用在跑鞋中起缓冲减震作用。某知名品牌洞洞鞋就是用EVA制造而成的（图3-6）。

图3-6　由EVA制成的洞洞鞋

3.2.5　Lonomer Resins——工程塑料

Lonomer Resins（离聚物树脂）的最大特性是其优异的耐冲击能力，因此可用于一些恶劣的环境中。该材料出色的耐化学品性以及透明度，使其成为理想的玻璃和水晶替代品，用于制造香水瓶。

材料特点：冲击韧性超强；耐磨损；耐刮伤；耐腐蚀性能好；透明度高；熔体强度高；可回收。

加工工艺：Lonomer Resins能够通过注射成型、挤压成型、泡沫成型、热成型等方式进行加工，也可以通过树脂改性剂来增加其强度，还可以通过热压贴合工艺与金属、玻璃及天然纤维进行黏合。

材料优势：韧性和弹性极佳；耐化学品性好；用途广；来源广泛；可回收。

材料劣势：属于石油基非可持续材料。

适用范围：利用其优异的耐冲击性，它可以制作成锤子等工具手柄或者高尔夫球、宠物磨牙棒、保龄球的球道等。高透明度和耐腐蚀性使其成为化妆品包装容器的理想材料，以及诸如鲜肉、鱼等的食品包装。还可以制造成头盔、冲浪板、滑雪板、滑雪靴、汽车仪表板、灯罩、门把手等产品。

典型产品：Lonomer Resins制造的曲棍球头盔充分利用了该材料优异的耐冲击性。Lonomer Resins材质的香水瓶具有水晶般通透的视觉效果（图3-7）。

图3-7　Lonomer Resins制造的曲棍球头盔和香水瓶

3.2.6　PA——工程塑料

PA（聚酰胺）又称尼龙，主要特性就是如丝般的光滑，韧性好，拉伸强度高，可以被制成布料，是注射成型工艺的理想材料。同时它具有优良的强度、硬度和韧性，是一种模塑材料，某些领域尼龙可以代替金属使用，但是其防潮性差，会减弱材料的强度。

材料特点：摩擦系数低；具有自润滑性；耐磨性能优；强度高；耐高温；易于与其他材料混合；燃烧缓慢，有自熄性；防潮性差；耐化学品性有限；可回收。

加工工艺：由于黏性低，尼龙很难挤出，但适合标准注射成型。它能够被纺成纤维，挤压成多层薄膜用于做瓶子，能够用其他填料填充来提高性能，包括玻璃纤维，可以用增塑剂来提高柔韧度。

表面处理：PA材质很少做表面处理。

材料优势：来源广泛；耐高温；易成型；低摩擦；可回收。

材料劣势：耐腐蚀性能有限；防潮性能差；长期使用情况下，尺寸精度有变化。

适用范围：在工业领域，PA通常被用作制造轴承（优良的自润滑性）、塑胶齿轮、垫圈、汽车零部件以及仪器壳体等材料；玻璃纤维增强的PA在许多方面能够替代金属材料，包括家具的结构部件及耐磨产品，如体育器材。而日常生活中PA材料也无处不在，PA薄膜用于食品包装，韧性高、透气性好，并且由于其良好的耐热性，也可以用于袋煮食品的包装；PA纤维可用于纺织品加工，如服装、户外装备、钓鱼线、地毯、乐器的弦、安全带、齿轮轴承和凸轮等。

典型产品：PA制造的毛刷与灯具（图3-8）。

图3-8　PA制造的毛刷与灯具

3.2.7　PC——工程塑料

透明度高的材料有很多种，但是PC（聚碳酸酯）是应用很广、非常坚韧的高透明度热塑性塑料。作为一种可以替代玻璃的塑料，PC广泛应用于各种各样的玻璃装配和酒器领域，并具有一定程度的抗刮划性，但不是完全抗刮划。由于PC中含有双酚A，可能会在使用过程中和正常磨损中溶出，所以如婴儿奶瓶、水杯等与食品直接接触的产品不宜选用PC材料。

材料特点：加工手段多样；韧性较好；透明度极佳，透光率可达到90%；硬度合理；成型精度高，尺寸稳定好；可回收。

加工工艺：PC有很多等级，而且作为一种常规材料可通过注射成型、挤出成型、吹塑成型甚至发泡成型用于高容量、大规模生产。这些加工工艺通常用普通机器就可以完成。PC还可以挤出成板材，用于玻璃装配业。

表面处理：可进行真空镀、喷涂、丝印、移印等。但PC表面不能做水镀处理。

连接方式：卡扣连接、螺栓连接、热熔焊接、超声波焊接、双面胶等。

材料优势：用途广；易加工；坚韧；透明度极佳；来源广泛；可回收。

材料劣势：加工需耗费大量能源；在生物相容性方面存在问题；抗疲劳性、耐磨性较差。

适用范围：常用于透明镜片、医疗器械、文具、咖啡壶外壳、光碟、防爆玻璃、防撞头盔的面罩等。

典型产品：某品牌计算机的外壳和汽车车灯都充分凸显了PC材质极佳的透明度（图3-9）。

图3-9　某品牌计算机和汽车尾灯（PC材质）

3.2.8　PS——工程塑料

PS（聚苯乙烯）俗称脆胶，是非常常见的透明塑料之一，也是一种典型的日用塑料。PS可以通过添加混合物提高其牢固度，但是相对应的透明度就会降低，所以在设计的时候需要进行取舍，PS完美的透明度和坚固度只能选其一。

材料特点：加工方式多样；脆、易开裂；透明度极佳，透光率可达90%以上；硬度高；收缩率低；价格低。

加工工艺：作为通用塑料，聚苯乙烯可以用所有常规成型工艺，包括注射成型、热成型、发泡成型等进行加工。

表面处理：容易上色，可进行真空镀、喷涂、丝印、移印等。

连接方式：卡扣连接、螺栓连接、热熔焊接、超声波焊接、双面胶等。

材料优势：易于成形；透明度极佳；韧性好；强度高；来源广泛；可回收。

材料劣势：在不加添加剂的情况下易碎；耐溶剂性差；耐温性差，容易燃烧。

适用范围：由于聚苯乙烯成本低、易于加工，所以用途很广，常用于镜片、灯罩、文具、透镜、光学仪器零件等。如一次性餐具、杯子、盘子和食品内包装盒（注意：PS制品的最高连续使用温度仅为60~80℃，不宜制作盛载开水和高热食品的容器）；其他应用领域包括CD盒、剃须刀、冰箱隔挡等。发泡聚苯乙烯用于包装材料和热绝缘。

典型产品：PS气泡椅，发泡PS填充的豆袋沙发（图3-10）。

图3-10　PS气泡椅和发泡PS填充的豆袋沙发

3.2.9 SMMA——工程塑料

SMMA（苯乙烯-甲基丙烯酸甲酯共聚物）最大的应用市场是要求净度、韧性以及复杂形状的领域，如造型复杂的香水瓶盖、厨房用具、水杯、滤水壶、衣架以及医疗用品。

材料特点：加工方式多样；韧性极好；透明度极佳；易于着色和装饰；密度低；耐腐蚀性好；食品级；可回收。

加工工艺：SMMA可采用注射成型、挤出成型和吹塑成型的加工方式。与其他塑料相比，能够降低使用的能源以及劳动力，加工时间甚至只是其他透明材料的50%，大批量生产效率非常高。SMMA也可以使用加热板、超声波等多种方法进行焊接。

材料优势：透明度极高；易于复杂成型；着色效果佳；耐腐蚀性好；食品级；可回收。

材料劣势：相对较贵；防紫外线性能差。

适用范围：SMMA是有机玻璃的廉价替代品，多应用在一些对材料的透明度和韧性有一定要求且形状复杂的领域。对于复杂形状的成型，要求塑料易流动，这种应用领域是SMMA的最大市场。以此为基础，SMMA的典型应用包括薄壁玻璃杯、造型复杂的香水瓶盖、龙头把手、净水壶、透明衣架等，以及各种医疗应用，如手术用抽吸器。

典型产品：SMMA制造的净水壶（图3-11）。

图3-11　SMMA制造的净水壶

3.2.10 PMMA——通用塑料

PMMA（聚甲基丙烯酸甲酯）又称亚克力或有机玻璃，是塑料中透明度最高、使用最广泛的材料。透明感是传达产品高价值感的一个重要视觉要素。PMMA几乎能制成任何形状的产品，且可以达到玻璃的效果，它为设计师创造能够抓住用户眼球、具有奢华感和透明感的产品提供了一种非常有效的材料。

材料特点：透明度极佳：透光率为92%；硬度好；刚度好；耐风化；易配色；印刷附着力强；使用温度范围为-40~20℃；耐有机溶剂性佳；耐疲劳性差；可回收。

加工工艺：PMMA是一种具有多用途的热塑性塑料，它可以通过注射成型、热压成型等进行加工，也可制成各种半成品棒材、管材和片材等。

表面处理：可进行真空镀、喷涂、丝印、移印、IML（in-mold labeling模内装饰技术）等。

连接方式：有卡扣连接、螺栓连接、热熔焊接、超声波焊接、双面胶等。

材料优势：用途极广；坚硬；来源广

泛；透明度极佳；可回收。

材料劣势：高温下易热分解；耐磨性较差；成形收缩率大。

适用范围：常用于镜片、透明装饰品、文具、仪器表外壳、灯罩等；还可制成亚克力的半成品管材、片材，常常被运用到餐具、家具、玻璃装配以及室内隔屏中。

典型产品：无色透明PMMA制造的收纳盒与灯具，彩色亚克力制造的茶几（图3-12）。

图3-12　PMMA材质的收纳盒、灯具、彩色亚克力茶几

3.2.11　PP——通用塑料

PP（聚丙烯）是一种典型的日用塑料，俗称百折胶。

材料特点：耐高温；耐腐蚀性良好；易和其他材料混合，容易配色；刚性；价格便宜；可填料、可增强；加工方法多样；食品级；耐挠曲性能优；可回收。

加工工艺：作为一种通用塑料，PP可以用各种技术进行加工，包括注射成型、热成型和挤出发泡成型。对于PP薄片可以进行冲切、折叠或压痕弯曲。另外可以加入一些填充物（如玻璃纤维或矿物质）来增加它的坚固程度。

表面处理：PP材料表面处理效果差，不易熔合，故很少做表面处理。

连接方式：卡扣连接、螺栓连接、热熔焊接、超声波焊接等。

材料优势：用途广、易加工；可重复弯曲；坚韧；不褪色；可回收。

材料劣势：成型收缩率大；耐紫外线性能差；户外应用需加添加剂。

适用范围：PP可用于任何耐用品领域，如汽车工业（主要使用含金属添加剂的PP）：挡泥板、通风管、风扇等。机器部件：洗碗机门衬垫、干燥机通风管、洗衣机框架及机盖、冰箱门衬垫等。日用消费品：保鲜袋、防水布、喷水器、塑胶瓶等。耐用消费品：家电、地毯、桌椅、砧板等。

典型产品：Chop to Pot砧板最大的特点就是可以折叠，中间由PP铰链连接，切完菜后可以直接从菜板倒入锅中，也正是其产品名字"Chop to Pot"（切完入锅）的含义；因PP材料具有食品级的安全性，因此是一次性餐具材料的最佳选择（图3-13）。

图3-13　PP材质的Chop to Pot砧板和一次性餐具

3.2.12　PVC——通用塑料

PVC（聚氯乙烯）按添加增塑剂的多少可分为硬胶PVC与软胶PVC，是常用的塑料之一。

材料特点：加工方式多样；价格便宜；易着色；容易和其他材料混合；耐化学性好；绝缘性好；种类多；本身不能防紫外线；不环保；可回收。

加工工艺：PVC可采用丰富的手段进行加工，如挤出成型、滚塑成型、注射成型、吹塑成型、压延成型和浸渍成型等。在PVC中加入不同剂量的增塑剂可改善其韧性，例如PVC软板中就含有大量的增塑剂。这种板材非常适合超声焊接和高频焊接。

表面处理：包括喷涂、真空镀、丝印、移印等。

连接方式：卡扣连接、螺栓连接、热熔焊接、超声波焊接、胶水黏结等。

材料优势：用途极广；耐化学品性好；来源广泛；价格低；耐磨；可回收。

材料劣势：热分解后会产生有害物质，会引发健康问题；价格低廉会影响品质判断；耐紫外线性能差。

适用范围：多样化的成型手段促使PVC的用途和市场非常广泛。硬PVC常广泛用于商用机器壳体，建筑领域如塑钢门窗、供水管道、家用管道、房屋墙板等。软PVC用于电子产品包装、医疗器械、食品包装、凉鞋、拖鞋、玩具、汽车配件、雨衣、桌布、窗帘、时尚手包等。

典型产品：PVC制造的水晶桌垫，色彩丰富、手感细腻柔软的浴缸捏捏玩具小黄鸭，以及工程管道等（图3-14）。

3.2.13　PE——通用塑料

PE（聚乙烯）是常用的塑料之一。其中HDPE（高密度聚乙烯）质地坚硬，有良好的耐磨性、耐蚀性和电绝缘性；LDPE（低密度聚乙烯）质轻，化学稳定性好，良好的高频绝缘性、耐冲击性和透明性。

材料特点：加工手段多样；蜡质表面；摩擦系数小；耐化学品性良好；柔韧，易于配色；耐低温性良好，在-70℃时仍有柔软性；无毒，无味；可回收。

加工工艺：PE作为最广泛的再生塑料

图3-14 PVC制造的水晶桌垫、玩具小黄鸭、工程管道

之一，与其他热塑性塑料一样几乎可以通过任何一种成型方式加工。它应用最多、最广的加工方式为旋转成型和吹塑成型。

表面处理：材料表面不易熔合，表面处理效果差，故很少做表面处理。

连接方式：卡扣连接、螺栓连接、热熔焊接、超声波焊接等。

材料优势：价格低；易于加工；用途广；坚韧；可回收。

材料劣势：不易进行生物降解。

适用范围：LDPE用于电缆的包皮，耐腐蚀管道等；大部分儿童玩具都是由HDPE（高密度聚乙烯）制成的，它还常用来制造厨房用品、电线绝缘体、手提袋、食品袋及各种塑料瓶、呼啦圈、汽车油箱、家居用品等。

典型产品：美国特百惠公司主要采用PE生产轻便结实、有盖、有密封性能的容器。特百惠密封盒的产品设计理念为：当按下容器盖子的时候会排出适量的空气，而空气的排出可以使食物更持久地保鲜；当打开密封盒盖子时，空气吸入会发出"砰"的声音，这个理念很难通过包装进行有效的传达。而特百惠密封盒正是利用材料发出的声音去主导市场竞争（图3-15）。

图3-15 PE材质密封盒

3.2.14 PET——通用塑料

PET（聚对苯二甲酸乙二醇酯）俗称涤纶，是最常见的透明塑料之一。

材料特点：可回收；耐化学品性优异；尺寸稳定性优异；坚固耐用；价格便宜；透明度极佳；耐冲击强度高。

加工工艺：PET可以注射成型、挤出成型，大部分包装瓶采用的工艺是吹塑成型。PET还可以通过压延加工成板材。

表面处理：可进行真空镀、喷涂、丝印、移印等。

连接方式：卡扣连接、螺栓连接、热熔焊接、超声波焊接、双面胶黏结等。

材料优势：稳定性极佳；力学性能优，坚韧、耐用；耐气候性优；耐腐蚀；透明度高，透光性好，透光率可达86%；具有自熄性；价格低；用途广；可回收。

材料劣势：价格低廉容易影响品质判断；加工条件要求严格；材料缩水率大；不方便进行生物降解。

适用范围：常用于食品、药品、纺织品、精密仪器、电器元件等的包装，其制作的中空容器强度高、透明性好、无毒无味，是碳酸饮料、啤酒、食用油家用清洁产品、化妆品等产品广泛应用的塑料包装材料；还可制成镜片、轴承、显示贴膜、汽车车身面板等。

典型产品：PET制造的某品牌饮料瓶及其与某公司合作的家居产品——海军椅；某消费品包装公司为适应时代需求提出可持续化发展包装解决方案，采用PET材质和先进的工程及设计技术，研发出一款900mL容量的食用油包装瓶，质量为14g，比标准瓶减轻了4g，实现减重22%（图3-16）。

图3-16　PET材质饮料瓶、海军椅以及轻量化食用油包装瓶

3.2.15　硅胶——工程塑料

硅胶既是一种材料增强剂，也是推动材料性能提升的添加剂，但它不是一种特殊材料，也不是合成橡胶。该材料有良好的耐温性，以及温暖、柔软、弹性触感等特性，为其应用增值。

材料特点：很难成型；耐腐蚀性能优；耐热性能优；柔韧性极好；易于着色；可减震；价格相对较贵；不可回收。

加工工艺：可注射成型、挤出成型、压延成型、吹塑成型、滚塑成型。

材料优势：用途极广；耐热性和耐腐蚀性优；生产技术多样；来源广泛。

材料劣势：相对较贵；很难成型；不能生物降解；不可回收。

适用范围：硅胶应用很广，可以用作包装的密封剂和浴室的密封胶；在纺织品上作为油墨印刷的基底，可使纺织品在拉紧的时候不会裂开；还可以用作高温烹饪餐具，如巧克力模具、锅铲等；在医疗行业常用于制造假肢甚至人造器官等。

典型应用：硅胶制造的巧克力模具，其柔软、有弹力的特性便于巧克力完整脱模；保鲜盒里的硅胶密封条（图3-17）。

图3-17　硅胶材质巧克力模具以及保鲜盒里的硅胶密封条

3.3 热固性塑料

3.3.1 PF——工程塑料

PF（酚醛树脂）俗称胶木或电木，外观呈黄褐色或黑色，是热固性塑料的典型代表。

材料特性：耐化学品性能优；电绝缘性能优；可用的色彩有限；耐热性优异；硬度较高；耐冲击性高；尺寸稳定性优异；铸模壁厚较薄时易碎；可回收。

加工工艺：成型方法有限。可以压塑成型，可浇注后进行机加工或雕刻。

表面处理：PF产品表面可以做电镀、水镀、油墨印刷等表面处理。

连接方式：黏合剂连接、螺纹连接、铆接、螺栓连接、焊接等。

材料优势：价格低；坚固耐用；尺寸稳定性极佳；来源广泛；无毒。

材料劣势：颜色种类有限；易碎；不可回收。

适用范围：PF在多个行业中发挥着重要作用，包括机械、汽车、航空和电器等。

它被广泛用于生产电气绝缘部件、耐高温产品、耐磨和防腐材料，并且能够替代某些有色金属（如铝、铜、青铜等）来制造零件。此外，酚醛树脂也用于家具和仪表的面板装饰，赋予产品一种高端且典雅的质感。酚醛泡沫塑料则在建筑领域作为隔音和隔热材料，用于制造救生圈以及作为保持鲜花新鲜的亲水性材料。

典型产品：PF制造的插排和防静电电木板，充分利用了电木优异的电绝缘性能（图3-18）。

图3-18 PF材质插排和防静电电木板

3.3.2 UF——工程塑料

UF（脲醛树脂）材料坚固、触感温暖、密度高，是一种可溶性耐腐蚀树脂，用于制造模压塑料。由于重量大，脲醛树脂容易给人一种高价的感觉。

材料特点：耐化学品性优异；电绝缘性优异；易着色；耐污性优异；隔热性优异；触感温暖；表面硬度极高；柔韧性好；吸水率低。

加工工艺：脲醛树脂作为一种可模塑的复合物，一般采用模制或压制成型。它进行注射成型时有一定的困难，需要用填料辅助完成。

材料优势：耐化学品性、耐脏以及耐热性能好；质地坚硬、强度高；着色性能好；成本效益高。

材料劣势：不可回收；在一些应用中

会释放甲醛，有害健康。

适用范围：脲醛树脂可用于电器开关面板、接线盒、马桶座圈、香水瓶盖、纽扣、胶黏剂以及门把手。也可以发泡后用于建筑物的夹芯保温系统，并且广泛用于装饰层压板。

典型产品：由于UF材料具有一定的抗菌作用且易清洗，因此常用于生产马桶盖及马桶座圈（图3-19）。

图3-19 UF材质马桶盖及马桶座圈

3.3.3 MF——工程塑料

MF（三聚氰胺甲醛树脂/三聚氰胺）在塑料家族地位特殊，是最早进行商业化应用的塑料，百余年来仍然没有其他塑料能够取代其在塑料餐具方面的地位。MF表面质地坚硬、光亮、致密无孔、色彩明艳，敲击时会发出叮当声，硬度和刚度堪比陶瓷，给人一种摔不坏的感觉，没有其他热聚塑料能同时具有这些特性。该材料长期用于代替陶瓷，广泛用于碟、盘、碗等餐具的产生。

材料特点：耐腐蚀性能优；电绝缘性优；易着色；硬度优良；强度优良；冲击强度高；食品级；容易涂色；尺寸稳定性优；不能回收。

加工工艺：MF可以注射成型、压制成型、挤压成型。与很多热塑性塑料不同，它可以模制出各种壁厚。

表面处理：良好的着色性能使其可获得极佳的表面处理效果。MF产品表面可以进行电镀、水镀、丝网印刷、UV打印等表面处理。

材料优势：耐腐蚀性能、耐冲击性能及耐热性能好；无毒；表面处理性能好；着色性能好。

材料劣势：材料相对较贵；不能回收。

适用范围：MF的应用范围广泛，其优良的物理和化学性能使其在建筑、汽车、航空、化工等多个领域都有重要的应用。MF还可用于制造洁白、耐摔打的日用器皿、卫生洁具和仿瓷餐具等产品；其耐热性让它成为烟灰缸、锅把手、风扇罩、纽扣等产品的完美设计材料。

典型产品：MF仿瓷餐具；某公司的Hands On沙拉碗，在碗边嵌入了两个"手"形设计拌菜板，拌沙拉的时候使用它作为双手操作翻搅的工具，从各个方向往中间用力，对蔬菜搅拌方向的控制更精准。搅拌完成以后，可以作为公共餐具进行分食，比用筷子能一次性取出更多的食物。平时不用的时候，两只"手"形工具和碗的边缘互相嵌合成为一个整体（图3-20）。

图3-20 MF材质仿瓷餐具和Hands On沙拉碗

第 4 章
木竹藤纸皮等有机材料

4.1 木材

4.2 木材的加工工艺

4.3 榫卯结构与创意设计案例

4.4 竹材

4.5 藤、纸、皮等有机材料

导　　言： 在产品设计材料的大家族里，不仅包含塑料、金属这样在制造业中举足轻重的工业材料，还包含很多自古以来人们就在运用的有机材料，例如木材、竹材、藤条、纸张和皮革等。经过人们不断地观察和实践，发现它们具有良好的物理、化学和力学性能，可以用于制造不同的器物。在工业制造已经非常发达的今天，这些材料不仅没有被取代，反而因其可再生、自然环保、碳排放低等原因得到了设计师和用户的重视，在不同的设计中展现了它们不可替代的特性。本章介绍这些亲切、自然、充满生命力的有机材料。

本章重点： 本章重点介绍了有机材料中的木、竹、藤、纸、皮材的性质与工艺。其中包括木材的特性、分类、加工流程；竹材的传统和现代工艺等。本章的最后一节通过分析藤与皮材料在产品设计中典型应用案例，为读者在设计中合理选择有机材料及其工艺提供参考。

教学目标： 通过本章的学习，能够在了解木材、竹材、藤材、纸张和皮革的性质与工艺的基础上，学会在设计实践中合理地选用这些有机材料。

课前准备： 教师可根据实际情况准备相应的产品作为教学器材，例如木制家具、竹藤编产品等。可准备胶合板、密度板、多种实木木材作为观察使用。可让学生准备不同种类的"纸"为课堂实践做准备。

教学硬件： 多媒体教室、木材加工工作室等（在条件允许的情况下，可组织学生到家具厂、竹编藤编工坊等参观实习）。

学时安排： 本章建议安排4～12个课时。任课教师可根据实际需要安排。其中教师讲授的课时占60%，学生讨论与工厂参观实习课时占40%。

本章内容导览如图4-1所示。

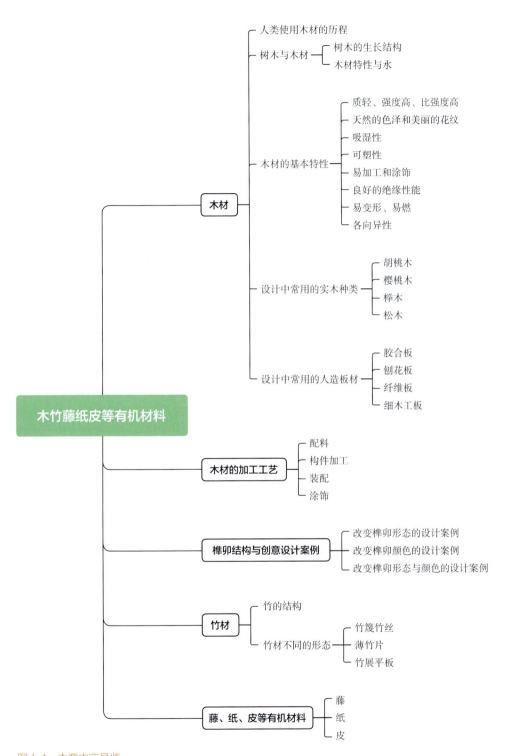

图4-1 本章内容导览

4.1 木材

如图4-2所示是著名丹麦设计师汉斯·瓦格纳（Hans Wegner，1914—2007）于1949年设计的一把著名的椅子，一开始他本人并没有给这把椅子起名字，而是直接用"椅子"（the chair）来称呼它，后来因为椅背的Y字形，人们将这把椅子称为"Y-chair"。简约的线条和精密的人体工程学运用让这把椅子从诞生开始就受到很多青睐。直到今天，这种木制的椅子还是很多家庭和消费者的选择。

从这把椅子可以看到：从东方到西方，从文艺昌盛的中国明代，到现代设计发源地之一的北欧丹麦，不同时间、不同空间的设计师都选择了以木材作为椅子设计的材料，无论采用明代的黄花梨，还是采用北欧的松木，当身体触及椅子的时候都能够感觉到它隽永的曲线和柔和的温度。木材，作为一种古老而现代的天然有机材料，在生活中占有不可取代的地位。木材的使用，伴随着人类文明的发生、发展，从蒙昧时代到工业文明再到现代社会，木材从未缺席。它可以是提供温暖的燃料，也可以是搭建安全庇护所的建筑材料，更可以是人们在日常生活中不可缺少的家具或者器皿。无论在东方还是西方，人们对木材的喜爱都是统一的。木材天然的纹理及温和的触感，触发的是人们对自然的美好向往，直到今天，木材依然是家具、室内空间装饰、公共设施中不可忽视的用材。

图4-2　丹麦设计师汉斯·瓦格纳的作品

4.1.1　人类使用木材的历程

木材与人类生存和进化息息相关，直至今日，人们的生活仍然离不开木材。在原始的采摘社会，人们用树木取得食物，以手杖和石头结合起来制造了工具。木材还成为人类至关重要的燃料，是人类驱走黑暗，并且转变饮食习惯的不可缺少的"大功臣"。在掌握了工具的使用后，人类还学会了加工木材，用木材造船和修筑简单的住所以及各种用具。可以说在所有的文明中，木材都是伴随人类成长而不可或缺的材料之一。

我国木制品加工有着悠久的历史，现已发掘出新石器时代木制品。春秋战国时代，鲁班发明了木工用的锯子、三角尺、墨斗、刨子、铲子、钻、凿等，工具的进步带动了家具材质开始由青铜转向木材的转变。两晋南北朝时期，佛教文化的盛行使绳床、须弥座、筌蹄、凳4种高型坐具在贵族和僧侣阶层内小范围流行，并且与少数民族家具——胡床一起加速了坐具与卧具的分离。至此，中国传统家具的六大品类（坐具、卧具、承具、庋具、屏具和架具）初步确立。

在明清两代，家具的发展到达鼎盛，特别是明代的黄花梨家具，是中国设计对世界的巨大贡献（图4-3）。除家具以外，中国古代的大量木结构建筑、唐宋开始发展的雕版印刷术、精美的手工木雕木刻工艺都是中国在木材应用领域中的重要成就。

图4-3　明式家具——黄花梨平头案与黄花梨圈椅

4.1.2　树木与木材

树木是木材的来源。木材的特性在很大程度上源于树木的生物特性，了解木材之前，首先要了解树木。

（1）树木的生长结构

树木由树根、树干和树冠组成。树根占树木材体积的5%～25%，主要用于制作工艺品，如根雕；树干占树木材体积的50%～90%，是木材的主要部分；树冠占树木材体积的5%～25%。树干主要分为树皮、形成层、边材和心材几部分。

木材是由树木中沿着主干、分支以及树枝方向生长的各种细胞组成的，而这些细胞基本上都是由纤维素构成的，它们通过一种叫木质素的物质粘在一起。可以将一块木头想象成用胶水（木质素）粘在一起的一束秸秆（细胞）。这些粘在一起的秸秆很难被拦腰折断，但将它们彼此分开（顺着它们的长度方向）相对容易些。这就是为什么木材更容易沿着竖向纹理而不是横向纹理开裂。木材不同方向的切面如图4-4所示。

图4-4　木材不同方向的切面

（2）木材特性与水

木材的很多特性都和"水"有着重要的联系。比如长时间使用的家具会变形，储藏不好的木材会开裂等。木材还是树木时，它们含有两种类型的水：自由水和结合水。自由水就是能够通过中空细胞自由流动的水，而结合水是细胞壁吸收的水分。一棵

- 055 -

树,其自由水和结合水的总重量能超过木材本身的重量。如果没有正确的方法去除这些水分,那么木材就会开裂。

湿度的变化、应力和木材本身的记忆功能都是木材发生变形的重要原因,当木材收缩或者膨胀时,它在每个方向上形变的程度是不一样的。在硬木(如樱桃木、枫木等)中,一般垂直于年轮的形变(径向形变)程度大概是平行于年轮的形变(切向形变)程度的一半。

> 想一想:
> 如何才能避免木材的形变和开裂?东西方有哪些不同的解决思路?

4.1.3 木材的基本特性

木材是一种天然的有机材料,它来源于能够次级生长的植物所形成的木质化多孔纤维状组织。这些植物在初生生长结束后,根茎中的维管形成层开始活动,向外发展出韧皮,向内发展出木材。木材是一种优良的造型材料,它一直是最常用的传统材料。随着工业生产的发展和加工技术的进步,木材将得到更广泛的利用,成为现代化经济建设的重要材料之一。木材之所以能够成为重要的设计材料,是因为其具备以下特性。

(1)质轻、强度高、比强度高

木材由疏松多孔的纤维素和木质素构成。其密度一般为 0.3~0.8g/cm³,比金属、玻璃等材料的密度小得多,因而质轻坚韧并富有弹性。木材纵向(生长方向)的强度大,在顺纹方向木材抗拉抗弯强度 > 100MPa,是有效的结构材料。但是在逆纹方向,木材的抗压和抗拉强度则大大降低。

(2)具有天然的色泽和美丽的花纹

不同树种的木材或同种木材的不同材区,都具有不同的天然悦目的色泽。如红松的心材呈淡玫瑰色,边材呈黄白色;杉木的心材呈深红褐色,边材呈淡黄色等。同时,年轮和木纹方向的不同还可以形成各种粗、细、直、曲形状的纹理,经旋切、刨切等多种方法还能截取或胶拼成种类繁多的花纹。

(3)具有吸湿性

木材由许多长管状细胞组成。在一定温度和湿度下,当空气中的蒸汽压力大于木材表面水分的蒸汽压力时,木材向内吸收水分(吸湿性);相反,则木材中的水分向外蒸发。同时由于木材的纤维结构和细胞内部留有停滞空气,受温度变化的影响不明显,热膨胀系数极低,不会出现受热软化、强度降低等现象。

(4)具有可塑性

在常态下,木材塑性变形非常有限,尤其在顺纹理拉伸断裂时,几乎不显塑性。木材蒸煮后可以进行切片,在热压作用下可以弯曲成型,木材可以用胶、钉、榫眼等方法比较容易并且牢固地接合。

(5)易加工和涂饰

木材易锯、刨、切、打孔和组合加工成型,且加工比金属方便,使用前不需要提炼。由于木材的管状细胞易吸湿受潮,故对涂料的附着力强,易于着色和涂饰。

（6）具有良好的绝缘性能

木材的热导率、电导率小，可做绝缘材料，但随着含水率增大，其绝缘性能降低。

（7）易变形、易燃

干缩湿胀容易引起木材构件尺寸及形状变异和强度变化，发生开裂、扭曲、翘曲。木材变形的原因离不开湿度的变化、应力和木材本身的记忆功能。当木材收缩或者膨胀时，它在垂直和平行于生长方向上形变的程度有着显著的差异，这种差异导致了变形的发生。另外，干燥的木材着火点低，容易燃烧。

（8）各向异性

木材在不同方向上具有不同的物理和力学特性。这种特性主要源于树木生长过程中的两个主要方面：胸径增大和高度增加，分别对应轴向和径向的生长纹路。平行于纤维方向的抗拉强度较高，而垂直于纤维方向的抗拉强度非常低。因此，木匠都知道如何选择方向劈开、截断木头，有经验的设计师也应该了解选择木材不同方向时它的特性有巨大的差异。

> 想一想：
> 木材的特性决定了它适合哪些设计场景呢？或者不适合哪些设计场景呢？

4.1.4 设计中常用的实木种类

直接从原木上切割加工，不添加任何黏合剂或其他助剂的木材称为实木。在设计中总是倾向于使用纹理美丽、触感温柔的实木，大部分消费者在经济实力允许的情况下也希望购买实木类的产品。实木的种类很多，同时分类方式也很多，和设计最为相关的是按照其特性进行分类，即分为硬木和软木。软木来自针叶树，树干通直而高大，易得大材，纹理平顺，材质均匀，木质较软而易于加工；硬木来自阔叶树，树干部分一般较短，多分枝，纹理多变化，材质较硬，较难加工，榆木、桦木、楠木、柞木都属于硬木。无论是硬木还是软木，在设计中都有着非常重要的应用领域，也有着标志性的树种，主要有以下几种。

（1）胡桃木

胡桃属木材主要产自北美洲和欧洲，黑胡桃呈浅黑褐色带紫色，弦切面为美丽的大抛物线花纹。国产胡桃木颜色较浅。胡桃木是密度中等的结实的硬木，抗弯曲及抗压度中等，韧性差，有良好的热压成型能力；易于用手工和机械工具加工。适于敲钉、螺钻和胶合；可以持久保留油漆和染色，可打磨成特殊的最终效果。胡桃木是非常优良的家具用材之一，用于高档家具、橱柜、工艺品和雕刻品，也可以用于制造枪托、枪柄、伞柄和体育用品（图4-5）。胡桃木是商业木材中非常出色的一种，从树木的种植、采伐，到木材储藏、运输，再到这种木材的设计运用都是商业化的典范，是目前我国高端家具最重要的选材之一。

（2）樱桃木

樱桃木是一种性质坚固、木头切面纹理细密、木头表面有光泽的木材，一般樱桃木都是红褐色的，十分有光泽。樱桃木的纹理很直且富有规律，其生长的纹路和它的木

图4-5 以胡桃木制作的家居产品

质颜色一样,为红褐色。樱桃木的弯曲性能十分好,弯曲强度与冲击强度中等,但硬度较低。握钉力、胶合性和着色性均佳,可以获得很好的表面加工效果。

世界上的樱桃木大多分布于美国境内,欧洲和日本也分布了一部分樱桃木,根据地理位置的不同,分别称为欧洲樱桃木和日本樱桃木,在构造及颜色上差异还是很大的,密度也略重。樱桃木的纹理和家具设计如图4-6所示。

图4-6 樱桃木的纹理和家具设计

(3)榉木

榉木,也写作"椐木"或"椇木"。产于中国南方,北方则称此木为南榆。虽不属华贵木材,但在明清传统家具中,尤其在民间,使用极广。这类榉木家具多为明式,造型及制作手法与黄花梨等硬木家具基本相同,具有相当的艺术价值和历史价值。

榉木重、坚固,耐冲击,蒸汽下易于弯曲,可以制作造型,握钉性能好,但是易于开裂。木材质地均匀,色调柔和,流畅。榉木家具材质坚硬,木材质地细密,比较重,适合制作大件家具。同时,它在蒸汽下易于弯曲,可以加工成曲木家具。榉木家具耐磨损,又有光泽,干燥的时候也不容易变形,另外因为榉木较常见,制造工艺也不复杂,所以价格并不昂贵,是风靡广大群众的、家居市场的中档木材的代表。

在日本,榉木因兼具美丽花纹和高强硬度的双重优势而备受尊崇,特别是宫殿、庙宇、大型木结构建筑等,从内到外,从结构到家具,凡是比较讲究的场所,都在使用榉木,由于过度砍伐造成物种稀缺,百年巨榉几乎绝迹,其地位类似海南黄花梨。日本榉木的心材往往呈现黄褐色或红褐色,木材纹理清晰流畅,质地均匀,色调柔和,表面富有独特美丽的光泽,如此清晰流畅的木纹线条在普通硬木中是看不到的,因此日本设计师非常喜爱使用榉木作为设计用材,例如深泽直人(Naoto Fukasawa)为某公司设计的"广岛椅子(Hiroshima chair)"系列作品,追求简单而舒适。优质的木材经过精心打磨,配上柔软的坐垫,形成一种温润细腻的感觉(图4-7)。

(4)松木

如果要选择一款最便宜、最实用的实木家具,松木无疑是现在市场上的首选。松木是一种针叶植物,是一种典型的软木木材,这种木材硬度不高,容易干裂,松脂渗

图4-7 深泽直人运用榉木设计的"广岛椅子(Hiroshima chair)"

出的问题也很严重,但是经脱脂、烘干可变成优质板材。松木的质感朴素、纹理清晰,相较于其他硬木而言更为轻软,最为难得的是松木非常廉价,很适合制作价格低廉的低端家居产品(图4-8)。在宜家家居的卖场里经常能看到它的身影,很多消费者愿意选择这种环保、价格友好的实木家具。

1979年宜家家居就推出了松木质地的毕利书架,全球销量已超过4100万套。松木的环保廉价与北欧设计的精致简约相得益彰,伴随着北欧设计走向世界,这种从前不被看好的木材已经成为世界家具行业中不可缺少的用材之一。

> 想一想:
> 设计中还使用过哪些木材呢?

图4-8 松木家具

4.1.5 设计中常用的人造板材

和人们的常识认知不同,世界上的很多木材并没有以实木的形式进入生活,大多数木材都被做成了合成板和人造板,也就是常说的人造板材。人造板材大幅提升了木材的利用率和物理特性,降低了材料成本,是工业革命以后人类创造出非常重要的材料之一,主要有以下几种常用的人造板材。

(1) 胶合板

直到第一次世界大战时,胶合板才成为一种正式商品名称。第二次世界大战时期高质量胶水被制造出来,胶合板借由这项创新正式成为材料界的宠儿。胶合板由多张薄板层叠而成,且相邻两块薄板的纹理方向彼此垂直。层数是奇数,保证最外层的纹理平行。胶合板各单板之间的纤维方向互相垂直(或成一定角度)对称,克服了木材的各向异性缺陷(图4-9)。胶合板的优点是幅面大而平整美观,不易开裂、纵裂或翘曲;保持了木材固有的低热导率和电阻大的特性,同时由于采用胶合剂,使其具有一定的隔火性、防蛀性和良好的隔音性;其隔潮湿空气或其他气体的效能也优于其他板材。

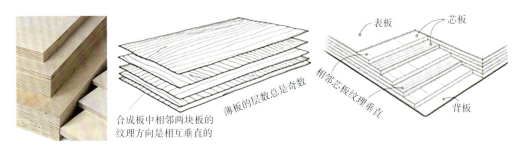

图4-9 胶合板及其构造

另外,胶合板在加热后的可弯曲程度大大超越了实木,为设计师提供了极好的设计材料选择。其中以柳宗理(Sori Yanagi,1915—2011)的蝴蝶凳(butterfly stool)和汉斯·瓦格纳的三脚贝壳椅(3-legged shell chair)最为著名,这两款家具设计都展现了胶合板的可弯曲特性(图4-10)。

(2) 刨花板

刨花板(图4-11)是以木质刨花或者碎木屑为主要原料,加胶热压而成的人造板材。刨花板的幅面大、表面平整,隔热、隔音性能好,纵横面强度一致,加工方便,表面还可以进行多种贴面和装饰。刨花板除作为制造板式家具的主要材料外,还可作为吸音和保温隔热材料,但不宜用于潮湿处。刨花板目前尚存在重量较大和握钉力较差的问题。

(3) 纤维板

纤维板也叫作密度板,是将木材磨成粉末,再高压喷胶压成的。纤维板的材质构造均匀、各向强度一致,不易胀缩开裂,具有隔热、吸音和较好的加工性能。

纤维板内部结构均匀,机械加工性能好,易于雕刻及做成各种型面、形状的部件

（a）柳宗理设计的蝴蝶凳（1954年）

（b）汉斯·瓦格纳设计的三脚贝壳椅（1963年）

图4-10 胶合板产品实例

图4-11 刨花板

图4-12 纤维板加工

（图4-12）。中纤板表面平整度较好，即使表面处理成不规则的图案与纹理，也能保证覆膜后的表面依然是平滑的。

应人类的要求。它具有质轻、易加工、握钉力好、不变形等优点，是室内装修和高档家具制作的理想材料。

（4）细木工板

细木工板（图4-13）又称大芯板，也有称木芯板，是由两片单板中间胶压拼接木板而成的板材。中间木板是由优质天然的木板经热处理（即烘干室烘干）以后，加工成一定规格的木条，由拼板机拼接而成的。拼接后的木板两面各覆盖两层优质单板，再经冷、热压机胶压后制成。与刨花板和中密度纤维板相比，细木工板的天然木材特性更顺

图4-13 细木工板

4.2 木材的加工工艺

一件木材产品的制造除了设计流程以外，加工工艺也是重要的组成部分，对木材的加工可以分为配料、构件加工、装配、涂饰几个部分。

4.2.1 配料

配料就是按照产品零部件的尺寸、规格和质量要求，将锯材锯制成各种规格和形状的毛料的加工过程。因此，配料是木产品生产的重要前道工段，直接影响产品质量、材料利用率、劳动生产率、产品成本和经济效益等。在配料时，其关键就是要根据实木家具产品的质量要求合理选料，掌握对木材含水率的要求，合理确定加工余量；正确选择配料方式和加工方法，尽量提高毛料出材率。

随着工业4.0的发展，在家具制造行业中全自动机械自动配料已经成为主流趋势。全自动扫描仪、优选横截锯、全自动指接机等设备使得配料环节更加科学、更加高效，同时大大提高了板材的利用效率，降低了废料的产生。

4.2.2 构件加工

木工构件的加工方式非常丰富，从传统的手工木工，到现代机械加工的木工产业，木工构件的加工技术一直在不断进步。下面介绍几种最重要的木工加工方式。

锯，是最常见也是最传统的木加工方式之一，用于木材的横向切断及纵向分解。既可以将木材做初步的分割，也可以进行精细加工。中国传统木工锯的特色是锯条装于一侧，另一侧装一个绳框缠绕绞紧，插竹子固定，这样可以调节锯条松紧与角度，十分合理方便[图4-14（a）]。

机械木工锯中常用的包括图4-14（b）中自左到右的推台锯、斜切锯和导轨锯。推台锯多用作板材的切割，斜切锯多用作条材切割，而导轨锯基本没有限制，可以做几乎任何形态木材的切割使用。

凿也是木工中非常常见的手工工具，主要作用是制作榫卯构件，也可以作为修整表面或者截断工具（图4-15）。"凿榫眼"是考验木工手工艺最重要的挑战之一。凿可

（a）各种手工锯

（b）机械木工锯

图4-14　各种手工锯和机械木工锯

图4-15　手工凿

以分为平凿、圆凿和斜刃凿，细分型号非常丰富。机械木工中虽然也有方榫机等设备，但是在精细和复杂程度上远不及手工木工对凿的运用。

很多人认为刨的发明是划分木工工具和技能的重要分水岭。如果没有"刨"，那么对木材的加工就只能停留在粗加工。在很多古文明中都有"刨"的身影，古埃及、古希腊很早就开始使用刨作为平整木材表面的工具。拉刨与推刨如图4-16所示。

图4-16　拉刨与推刨

4.2.3　装配

大部分木产品都是分构件进行加工的，将构件进行装配成为完整的产品也是重要的工序之一，包括榫卯的衔接、上胶、安装五金件等。

4.2.4 涂饰

木产品的涂饰不仅仅是为了美观，更是为了降低木材变形、开裂的可能性，是木材工艺中必不可少的步骤。无论使用的是哪种涂饰工艺，适当的打磨都是去除任何磨光釉、打开毛孔并让饰面渗透的关键一步。可使用60～80号砂纸将木材表面均匀打磨光滑，然后使用压缩空气或真空吸尘器去除灰尘。

木制品的涂饰主要分为渗透处理和表面处理。渗透处理主要指的是以木蜡油对木材表面进行涂抹，木蜡油不仅更为环保，而且保留了木材纹理本身的颇高"颜值"。表面处理更为丰富，包括油漆、聚氨酯漆、硝基漆、UV漆、水性面漆、油性面漆等。木蜡油涂饰过程如图4-17所示。

图4-17 木蜡油涂饰过程

4.3 榫卯结构与创意设计案例

榫卯是木制产品、木构建筑中最有特色的结构。榫和卯的咬合起到连接作用，将两个或三个木构件结合，形成精巧而富有创造性的框架。榫卯广泛用于建筑中，同时广泛适用于家具中，体现了建筑与家具间某种奇妙的联系。

榫接合在东西方木工中都被广泛运用。古埃及的木匠已经熟练掌握这种木工技巧，后来哥伦布探索新大陆所用的船均以这种接合方式建造。榫接合方式均包括榫头和榫槽两个要素，从板件端部凸出来的称为榫头，与其接合板件上开出的榫孔称为榫槽（图4-18），榫结合可以提供较大的长纹胶合面积，经过良好的加工组合，几乎可以抵

木竹藤纸皮等有机材料　第 4 章

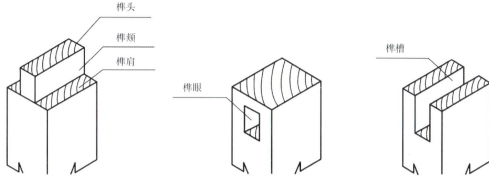

图 4-18　榫接合各部分的名称

御任何外力。

中国在榫卯的应用上有着更为丰富的创造和想象，榫卯结构既用在建筑领域，也用在家具领域。中国的木建筑构架一般包括柱、梁、枋、垫板、衍檩、斗拱、椽子、望板等基本构件，这些构件相互独立，需要用一定的方式连接起来才能组成房屋。中国家具把各个部件连接起来的"榫卯"做法，是家具造型的主要结构方式。特别是在明式家具中，榫卯的应用达到了令人叹为观止的高度。

> 讨论：
> 为什么现代家具设计中榫卯结构实际运用得越来越少了？

榫卯结构的传承与创新设计方法。
①结构功能创新设计。例如利用榫卯结构的连接特性，延伸出可拆装性；放在榫卯结构形成功能模块的储物柜和书架等设计，也可以重新设计榫卯模块的样式，与常见的拼图形态结合等。

②从材料入手的创新设计。在传统的榫卯结构中，常常只使用同一种材料，这限制了其在材料搭配设计方面的创意和表现力。因此，当代设计师开始探索如何通过创新材料搭配设计使家具榫卯结构具有更好的多样性和特色。比如将硬木和软木材料相结合；金属材料和玻璃材料等非传统材料与木材搭配；不同纹理、颜色和质地的木材材料之间的结合等。

③从制作工艺入手的创新设计。榫卯结构具有优秀的稳定性和可逆装配性，从榫卯制作工艺入手，可以为设计师提供创新的思路和方法。例如，有学者研究了一种基于数控雕刻技术的榫卯结构制作工艺，该工艺可以快速、准确地制作出复杂的榫卯结构，使得产品的制作周期大幅缩短，同时能够增强产品的美观度和实用性。还有一些设计师将榫卯结构与现代材料相结合，开发出许多具有时尚感和科技感的家具产品，这些产品既保留了传统的榫卯结构特点，又具有现代化的外观和功能。

4.3.1　改变榫卯形态的设计案例

如何将榫卯运用到现代设计中？
①能否从形态的角度突破？让传统榫卯结构更易于加工，能够与工业生产相匹配。

②如何改变榫卯的形态呢?

改变传统榫卯的衔接方式,降低结构的复杂性,使其能够符合现代生产需要,同时符合现代设计的审美(图4-19)。

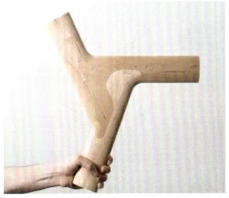

图4-19 改变榫卯形态的设计案例

> 想一想:
> 传统榫卯连接可以被归纳为哪几个类别?

4.3.2 改变榫卯颜色的设计案例

图4-20的设计作品能清晰可见两个部件的连接处,就是因为使用了不同颜色,因此榫卯连接的两个或多个部件,本身可以选用不同颜色的木材或者是加工处理后有一定色彩差异的,这样强化色差作为一种创意设计的方式。也就是通过改变材料颜色让榫卯结构更清晰、更易见。

图4-20 改变榫卯颜色的设计案例

> 想一想:
> 你觉得哪些材料能够和木材结合,产生新的榫卯结构呢?

4.3.3 改变榫卯形态与颜色的设计案例

图4-21中的几件设计作品都是既改变榫卯形态,又改变榫卯的颜色,巧妙利用连接方式的形态设计、色彩设计,形成了有创意的家具作品,这是一种综合设计的方法。

图4-21 改变榫卯形态与颜色的设计案例

练一练：
1. 重新设计一个榫卯结构。
2. 以榫卯的方式，运用木材以外的材料进行连接部件的设计创新。

4.4 竹材

竹，是一种可再生资源，喜欢温暖湿润的气候，盛产于热带、亚热带和温带地区，生长期一般3~7年。竹材具有一次成林、长期利用、生长快、成材周期短、生产力强等特点。竹秆和竹枝可以用于编织各种生活用具，制作各种家具，还可以用于建房、造纸，生产活性炭；竹叶可以用于提取竹叶黄酮；竹笋可以食用，竹根可以用于雕刻艺术品等。竹子因其独特的生长特性、生态功能和经济价值，被公认为是巨大的、绿色的、可再生的资源库和能源库。毛竹是我国分布最广、面积最大的竹种，具有秆形通直、材性优良、速生丰产、用途广泛、再生能力强、经济价值高和可持续更新等特点。

4.4.1 竹的结构

通常所说的"竹子"，指竹类植物的整株，包括竹叶、竹枝、竹秆、竹节、竹箨、竹根、竹鞭七个组成部分（图4-22）。

将一段竹秆劈开，即可清晰地看到竹秆内部的两个基本组成部分：竹壁和节隔。从竹秆的横断面看竹壁，由外向内可分为竹青、竹肉、竹黄三层。竹青是竹壁的最外层，纹理细而密，质地坚韧，表面光滑并附有一层薄薄的腊质。竹青层是由紧密排列的长柱状细胞组成的，最适合劈篾编织。竹肉指竹青与竹黄之间的部位，也可称为竹壁中部。劈制篾和丝时，越靠近竹青部位，越柔韧，质量越好；越靠近竹黄层的部位，越硬越脆，质量也越差。竹黄是竹壁的最内层，组织较疏松，质地脆硬，大多为淡黄色，俗称象牙色。竹秆中部的竹材质量最好，韧性强，劈裂性较好（图4-23）。

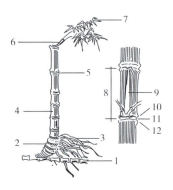

图4-22　竹子的整株构成（选自《竹工技术》，作者：朱新民、范道正）

1—竹鞭；2—竹笋；3—竹根；4—竹秆；5—竹节；6—竹枝；7—竹叶；8—间节；9—凹槽；10—秆环；11—节内；12—箨环

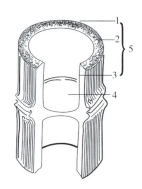

图4-23　竹秆内部构造（选自《竹工技术》，作者：朱新民、范道正）

1—竹青；2—竹肉；3—竹黄；4—节隔；5—竹壁

> 想一想：
> 竹材的结构和木材有什么区别？这种区别带来设计上的差异有哪些？

4.4.2　竹材不同的形态

（1）竹篾竹丝（图4-24）

对竹材的利用，最早、最广泛的就是以"编织"的形式。我国秦汉时期开始制作并使用竹扇，都江堰水利工程使用竹笼和竹管进行防洪及灌溉。竹编，从家常使用的篮筐、簸箕到扇子、家具等，品类繁多，可以说，竹编类的产品深入平常百姓生活的方方面面。

竹篾和竹丝是竹编织的原材料。它们的来源是竹秆靠近外部的部分，这部分竹材柔韧性好，可以制成各种各样器皿或者盛具（图4-25和图4-26）。竹编器皿价格平易近人，编织技法根据地域和手工艺传承的不同变化多样，在四川、江浙一带的农户人家的使用率很高。

图4-24　竹篾竹丝

图4-25　竹编产品

（2）薄竹片

从竹材到竹皮，可通过旋切方法和刨切方法制成刨切薄竹皮，竹片的厚度和宽度都超过了竹篾，常规的刨切竹皮厚度有0.3mm、0.5mm和0.6mm等。竹片可以经过炭化得到比本色更深一些的颜色，也可以通过机器进行编织。竹片的形态适合制作家具等较大一些的产品（图4-27）。

（3）竹展平板

竹展平板指将竹筒在压力作用下展开成连续平直状的竹片。其基本制作过程是将竹材锯断，去除内竹节和外竹节，去竹青，再软化后通过展平机展平。由于展平后的竹子仍具有一定的塑性，因此会有反弹变形的情况出现，造成产品的质量问题，所以需要用热压定型、加压冷却定型等方法进行后续的定型处理，以保证板材的平整。竹展平板可以热弯成型，加工方法多样。竹展平板设计作品如图4-28所示。

图4-26　竹丝扣瓷

图4-27　2021年A'Design Award获奖作品：Lattice Chair

（a）鼠标　　　　　（b）小家电

图4-28　竹展平板设计作品

> 查一查：
> 我国著名的竹制品产地有哪些？

> 想一想：
> 竹材料有哪些优点和缺点？

4.5 藤、纸、皮等有机材料

4.5.1 藤

藤材有着繁多的种类，有资料显示，目前全球约有13种藤材属性，品种多达600~700种，海南岛以及云南地区是重要的藤材产地。使用藤材的过程中不同国家、不同地区划分标准并不相同，国内划分藤材的时候按照直径数据划分，将10~15mm直径大小的藤材分为小、中、大三种。

从实践经验来看，最佳的藤材直径为6~12mm，这种大小的藤材加工便利、效果出众。藤材本身有着良好的坚韧性，硬度适中，有着淡淡的材质香气，是一种优秀的有机材料。藤材料给人感觉亲切自然，再加上其编织技艺多来源于本土的手工技艺，所以给其增加了更多的文化内涵（图4-29）。

图4-29 藤编产品

藤，不仅仅在材料本身上给设计师提供了新鲜的选择，藤编的方式也在多种其他材料上给予了设计更多灵感。比如将藤编的方法与新的柔性材料相结合能够产生的设计碰撞则会更加丰富。

4.5.2 纸

纸材也是一种独特的有机材料，它虽然在受力、强度等方面存在着缺陷，但是有着时尚、便捷、环保等优势。一般来说，纸材料在包装领域的运用最为广泛，近年来很多设计师也开始在家具、公共陈设等领域运用纸质材料。和普遍认知不同，有的纸材的强度非常高，甚至可以做建筑的结构材料。由于其具有轻便、可再生等特点，逐渐发展成目前很受青睐的应用材料。东京奥运会和巴黎奥运会都运用了纸板作为运动员床具的设计材料（图4-30）。

目前纸质家具共分为两种，一种是纸

图4-30 东京奥运会的纸板床

板家具，另一种是纸浆家具。事实上纸质家具早在1963年时就已经出现，当时的英国设计师彼得·默多克（Peter Murdoch）利用折纸的原理设计出世界上第一个面向市场的纸质座椅——"圆点"童椅，首次实现了以纸质材料为主的结构设计[图4-31（a）]。1972年弗兰克·盖里（Frank O.Gehry）推出的"Easy Edges"纸板系列家具才真正地让纸质家具获得了市场的关注[图4-31（b）]。

（a）1963年Murdoch设计的纸质"圆点"童椅　　（b）"Easy Edges"纸板系列家具

图4-31 纸质家具

查一查：
纸材料的分类有哪些？

做一做：
用"纸"进行一次大胆创新的设计。

4.5.3 皮

皮革是经脱毛和鞣制等物理、化学加工所得到的已经变性、不易腐烂的动物皮。革是由天然蛋白质纤维在三维空间紧密编织构成的，其表面有一种特殊的粒面层，具有自然的粒纹和光泽，手感舒适。很多生活用品使用皮革不仅可以增加物品的耐磨性，延长物品使用寿命，而且能够给人稳重、踏实的感觉。在生活中，皮革几乎无处不在（图4-32）。

皮具的应用和设计历史几乎与人类历史一样悠久，在人类开始狩猎以后就发现动物的皮毛是不可多得的资源，人们首先用皮毛来保持温暖和安全，当有了更多其他可选择的材料以后，皮革仍然是产品品质的保证，甚至成为彰显地位、权力和财富的一种特殊材质。一直到现代社会，皮具依然有着其不可撼动的地位。随着可持续发展和动物保护意识的不断提升，动物皮逐渐开始被人造皮革替代，特别是近年来，人造皮革的技术革新非常迅速，是设计专业的同学可以着重观察和考虑的问题。

产品CMF设计

图4-32　皮质产品设计

第5章
陶砂瓷玻璃等无机非金属材料

5.1 陶炻砂瓷

5.2 玻璃

5.3 其他无机非金属材料

产品 CMF 设计

导　　言： 无机非金属材料包括除金属及高分子材料以外的所有材料，主要有陶器、瓷器、砖、瓦、玻璃、搪瓷、水泥和石灰等胶凝材料；混凝土、耐火材料和天然矿物材料等传统材料；氧化物陶瓷、非氧化物陶瓷、复合陶瓷、玻璃陶瓷等新型材料。无机非金属材料在厨房用品、卫浴产品、交通工具、灯具、家具等领域都有广泛的应用。

本章重点： 本章主要介绍了几种设计中常用的无机非金属材料，包括其分类、特性、制作工艺与表面装饰等，并结合案例讲解设计运用的要点。

教学目标： 通过本章的学习，能够在了解陶炻瓷器玻璃等不同无机非金属材料的性质与工艺等基础上，在设计实践中能够合理地选用这些材料，并理解这类材料的独特美感与价值。

课前准备： 教师可根据教学内容准备这类物品作为教学器材，让学生先从不可燃性上认识无机非金属材料，再从这类产品的材料、部件、结构、颜色等层面重新认识生活中熟悉的物品。

教学硬件： 多媒体教室。

学时安排： 本章建议安排 2~4 个课时。

本章内容导览如图 5-1 所示。

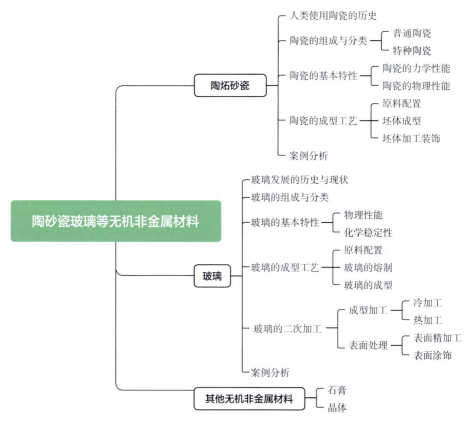

图 5-1　本章内容导览

5.1 陶炻砂瓷

陶炻砂瓷，通常被人们笼统地称为陶瓷（ceramics），在产品设计中被广泛使用，是指天然或人工合成的经焙烧而赋予其强度的材料。从广义上来说，陶瓷包括陶器和瓷器，也包括玻璃、搪瓷、石膏、水泥、石灰、砖瓦、耐火材料等人造无机非金属材料。从狭义上来说，陶瓷分为普通陶瓷（ordinary ceramics）和特种陶瓷（special ceramics）。普通陶瓷以天然的黏土、长石、石英等天然矿物为原料，经过"粉碎—成型—烧结"而制得。特种陶瓷是指采用纯度较高的氧化物、氮化物、碳化物等人工合成原料，沿用普通陶瓷的制作工艺而成的新型陶瓷。近20年来，陶瓷材料已有巨大的发展，许多新型陶瓷的成分远超出硅酸盐的范畴，陶瓷的性能面临重大的突破。如今陶瓷的应用已渗透到各类工业、各种工程和各个技术领域（图5-2和图5-3）。

图5-2 陶瓷真空吸盘，特种陶瓷材料

图5-3 陶制碗盆

5.1.1 人类使用陶瓷的历史

中国是陶瓷的故乡，远在10000多年前的新石器时代早期，远古先民就发明了制陶术，使我国成为世界上最早制作和使用陶器的国家之一。在距今3000多年前的商代中期，中国已能烧造原始瓷器。原始瓷器是瓷器的前身，它是由陶器向瓷器过渡阶段的产物，既有瓷的特点，又残留有原始陶器的痕迹。到了距今约1800年的东汉时期，中国出现了真正的瓷器。首先是在南方地区开始出现，后来制瓷技术由南方传入北方，并得到了长足的发展。此后历代风格各异的瓷器层出不穷，美不胜收（图5-4）。

如今，随着科技水平的发展，除了传统陶瓷外，还出现了以纯度较高的氧化物、氮化物等为原料的现代陶瓷。这些陶瓷由于其精细结构和高强、高硬、耐高温、半导体等一系列优良性能，被广泛应用于国防、化工、冶金、电子、机械、航空、生物、医学等领域。

图5-4　陶罐、炻器茶罐、瓷瓶

5.1.2　陶瓷的组成与分类

陶瓷是以天然矿物质和人工制成的化合物为原料，按一定配比称量配料，经混合磨细、成型、烧结制成的，其化学组成是由金属元素和非金属元素构成的简单化合物或复杂的多相固体混合物。陶瓷的分类方式比较繁杂，相对于传统的陶瓷，现代陶瓷从原料、工艺或性能上与传统陶瓷有很大的差异，据此可将陶瓷分为普通陶瓷和特种陶瓷两种（表5-1）。

表5-1　陶瓷分类

陶瓷	普通陶瓷	按所用的原料、烧成温度及制品性质分类	陶器、炻器和瓷器
		按不同用途分类	日用陶瓷、建筑陶瓷、绝缘陶瓷、多孔陶瓷、化工陶瓷等
	特种陶瓷	按应用不同分类	功能陶瓷、工程陶瓷
		按化学组成分类	氧化物陶瓷、氮化物陶瓷、碳化物陶瓷、复合陶瓷、金属陶瓷、纤维增强陶瓷

（1）普通陶瓷

普通陶瓷又称传统陶瓷，是用天然硅酸盐矿物，如黏土、长石、石英、高岭土等原料烧结而成的。陶器是一种坯体结构较疏松、致密度较差的陶瓷制品，通常有一定的吸水率，断面粗糙无光，没有半透明性，敲之声音粗哑；瓷器的坯体致密，基本上不吸水，有一定的半透明性，断面呈石状或贝壳状。

按用途的不同，可将普通陶瓷分为日用陶瓷、建筑陶瓷、电工陶瓷等；一般按所用的原料、烧成温度及制品性质的不同可将普通陶瓷分为陶器、炻器和瓷器（表5-2）。

表5-2 按陶瓷制品分类

名称			特征		应用举例
			颜色	吸水率/%	
陶器	粗陶器		黄、红、青、黑	11~20	日用缸器、砖、瓦
	精陶器	石灰质精陶	白色或浅色	4~12	日用器皿、彩陶
		长石质精陶			日用器皿、建筑卫生器皿、装饰釉面砖
炻器	粗炻器		乳黄、浅褐、灰、紫	0~3	缸器、建筑用外墙砖、锦砖、地砖
	细炻器			0~1.0	日用器皿、化学工业、电器工业用品
瓷器	长石质瓷		白色	0~0.5	日用餐茶具、陈设瓷、高低压电瓷
	绢云母质瓷		白色	0~0.5	日用餐茶具、美术用品
	滑石瓷		白色	0~0.5	日用餐茶具、美术用品
	骨灰瓷		白色	0~0.5	日用餐茶具、美术用品

从陶器和瓷器的区别来说，陶器的烧结温度低，瓷器的烧结温度高，用料也不一样。主要区别在于：做胎原料（表5-3）、釉的种类、胎色、总气孔率、烧成温度、吸水率。

表5-3 陶瓷主要作胎原料

名称			使用原料
陶器	粗陶器		易溶黏土
	精陶器	石灰质精陶	可塑性高的难溶黏土、石英、熟料等
		长石质精陶	镁质黏土、硅灰石、透辉石、其他溶剂
炻器	粗炻器		黏土、长石、石英、高岭土、废瓷粉、滑石等
	细炻器		
瓷器	长石质瓷		高岭土、瓷石、可塑性高的难溶黏土、长石、石英、骨灰、滑石等
	绢云母质瓷		
	滑石瓷		
	骨灰瓷		

①作胎原料不同。陶器一般用黏土作胎，少数用瓷土，而瓷器用瓷石或瓷土作胎，其原料不同，成分也有所差异。

②釉的种类有差异。陶瓷釉按温度分类主要分为高温釉和低温釉，因为一般作陶器的黏土制成的坯体，在烧到1200℃的时候会被熔为玻璃质，因此陶器一般表面不施釉或施低温釉（700～1250℃），其助熔剂为氧化铅。瓷器表面施高温釉（1200～1400℃），主要有石灰釉和石灰－碱釉两种。瓷器的釉料有两种，一是可在高温下与胎体一次烧成的高温釉，二是在高温素烧胎上再挂低温釉，第二次低温烧成。

③胎色不同。陶器制胎原料中含铁量较高，一般呈红色、褐色或灰色，且不透明；瓷器胎色为白色，具透明或半透明性。

④总气孔率有差异。总气孔率是陶瓷致密度和烧结度的标志，包括显气孔率和闭口气孔率。普通陶器总气孔率为12.5%～38%；精陶为12%～30%；细炻器（原始瓷）为4%～8%；硬质瓷为2%～6%。

⑤烧成温度的高低。因制胎材料的关系，陶器的烧制温度一般在700～1000℃，瓷器烧制温度一般在1200℃以上。

⑥吸水率也不同。吸水率是陶瓷烧结度和瓷化程度的重要标志，指器体浸入水中充分吸水后，所吸收的水分重量与器体本身重量的比例。普通陶器吸水率都在8%以上，瓷器为0～0.5%，细炻器为0.5%～12%。

（2）特种陶瓷

特种陶瓷又称现代陶瓷，这一类陶瓷材料因其不同的化学组成和组织结构而有不同的特殊性质及功能。其主要性能有电学性能、磁学性能、热学性能、力学性能、光学性能、化学性能。与普通陶瓷相比，特种陶瓷所采用的原料超出了传统硅酸盐的范围；在制备上，也突破了传统的工艺。在制取高纯、超细的粉料、坯体的成型以及制品的烧结等方面都采用了新技术。

特种陶瓷的品种类目比较繁多，按材质可将特种陶瓷分为两大类，即氧化物陶瓷和非氧化物陶瓷；按其应用的不同可以分为结构陶瓷和功能陶瓷。

①结构陶瓷：指作为工程结构材料使用的特种陶瓷，主要具有高强度、高硬度、高韧性、耐高温、耐腐蚀等性能，如氧化铝陶瓷、滑石瓷、镁橄榄石瓷、氧化铍陶瓷、氧化物和碳化物陶瓷等。

②功能陶瓷：指具有电、磁、光、声、热、力等功效的特种陶瓷，如电容器陶瓷、压电陶瓷和半导体陶瓷等。

氧化锆陶瓷手机如图5-5所示。

图5-5　氧化锆陶瓷手机

5.1.3　陶瓷的基本特性

（1）陶瓷的力学性能

陶瓷的弹性模量一般都较高，极不容易变形。但有的现代陶瓷有很好的弹性，可以制作成陶瓷弹簧。陶瓷的硬度很高，绝大多数陶瓷的硬度远高于金属，陶瓷的硬度随温度的升高而降低，但在高温下仍有较高的数值。陶瓷的耐磨性好，是制造各种具有特殊要求的易损零部件的好材料。陶瓷的抗拉强度低,但抗弯强度较高,抗压强度更高,比一般抗拉强度高一个数量级。陶瓷的塑性很差,在室温下几乎没有塑性。不过,在高温慢速加热的条件下,陶瓷也能表现出一定的塑性(图5-6)。

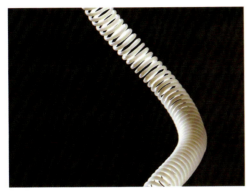

图5-6 高温陶瓷弹簧

(2)陶瓷的物理性能

对于陶瓷材料,与材料有关的物理性能非常重要,如热性能、导电性、光学性能等。

①热性能。陶瓷材料的热性能指其熔点、热容、热膨胀、热导率等方面。陶瓷材料的熔点一般都高于金属,高的可达3000℃,是工程上常用的耐高温材料。陶瓷的热传导主要靠原子的热振动来完成。不同陶瓷的导热性能不同,有的是良好的绝热材料,有的是良好的导热材料。线膨胀系数大和导热性低的材料的热稳定性不高,韧性低的材料的热稳定性也不高。多数陶瓷的导热性差、韧性低,热稳定性差。但有的陶瓷具有较高的热稳定性,如碳化硅等。

②导电性。陶瓷的导电性变化范围很广。由于缺乏电子导电机制,大多数陶瓷都是良好的绝缘体。但不少陶瓷既是离子导体,又是一定的电子导电体。许多氧化物,如氧化锌、氧化镍等实际上是半导体,所以陶瓷也是重要的半导体材料。

③光学性能。陶瓷的光学性能一般可以从陶瓷的白度、透光度和光泽度等方面进行分析与评判。陶瓷一般是不透明的,绝大部分陶瓷在外观色泽上均采用色度不低于70%的白色。影响陶瓷制品白度的因素,主要是三氧化二铁与二氧化钛等着色氧化物含量的多少。陶瓷的光泽度由陶瓷釉层表面的平坦与光滑程度决定。不同用途的陶瓷对表面光泽要求不同,例如,卫生陶瓷、日用陶瓷等通常要求表面有较好的光泽,以提高陶瓷外观质量并便于清洗。

5.1.4 陶瓷的成型工艺

普通陶瓷以黏土为主要原料,经过"原料配置—坯料成型—窑炉烧结"制得(图5-7),特种陶瓷虽然原料与普通陶瓷有所区别,但成型工艺大多仍是沿用普通陶瓷的制作工艺而成型。

(1)原料配置

陶瓷的原料主要包括黏土、石英、长石、滑石、硅灰石等。早期的陶瓷制品,均是用单一的黏土矿物原料制作的,后来,随着陶瓷工艺技术的发展及对制品性能要求的提高,人们逐渐地在坯料中加入其他矿物原料,即除用黏土作为可塑性原料以外,还适当添入石英作为瘠性原料,添入长石以及其他含碱金属及碱土金属的矿物作为熔剂原料(表5-4)。原料配制决定着陶瓷制品的品质,在一定程度上对陶瓷制品的工艺流程及工艺条件的选择有影响。

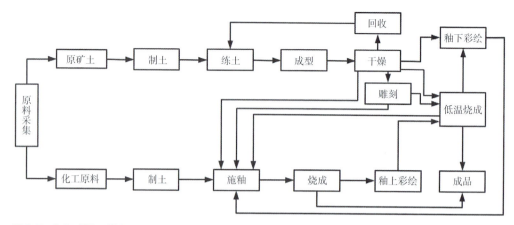

图5-7 陶瓷成型工艺流程

表5-4 陶瓷主要原料性能

名称	作用
黏土	具有可塑性和烧结性，是陶瓷坯体成型的基本原料
石英	在烧成时，石英的加热膨胀可抵消部分坯体的收缩，减少变形，提高坯体的机械强度；并提高釉面的硬度、耐磨性、透明性、耐化学品稳定性
长石	陶瓷原料中最常用的熔剂性原料，能降低陶瓷坯体组分的熔化温度，利于成瓷和降低烧成温度
滑石	作为陶瓷釉的助熔剂，用于改善釉的弹性、热稳定性，加快釉的熔融范围；也可以在坯体中形成含镁玻璃，这种玻璃湿膨胀系数低，能防止后期龟裂
硅灰石	改善坯体收缩，大幅度降低烧成温度，缩短烧成时间，实现低温快速一次烧成，节约燃料；同时提高产品的力学性能、减少产品的裂缝和翘曲，增加釉面光泽

（2）坯体成型

由于陶瓷的种类繁多，用途各异，制品的形状、尺寸、材质和烧制温度不一，对制品的性能要求也不尽相同，因此采用的成型方式也不尽相同，常用的成型方法有可塑成型、手工类成型、旋压成型、滚压成型等。

①可塑成型：可塑成型是在外力作用下，使具有可塑性的坯料发生塑性变形而制成坯体的方法。由于外力和操作方法不同，日用陶瓷的可塑成型可分为手工成型和机械成型两大类。雕塑、印坯、拉坯、手捏等属于手工成型，这些成型方法较为古老，多用于艺术陶瓷的制造。而旋压和滚压成型，则是目前工厂广为采用的机械成型方法，可用于盘、碗、杯碟等制品的生产。另外，在其他陶瓷工业中还采用了挤制、车坯、压制、轧膜等可塑成型方法。

②手工类成型：拉坯、手捏、雕塑等成型工艺过程都需要手工操作（图5-8），技艺水平要求高，劳动强度大；制品尺寸精度低，易产生变形；适用于生产批量小、器型简单的陶瓷器。

③旋压成型：陶瓷常用的成型方法之一，它主要利用做旋转运动的石膏模具与上下运动的样板刀来成型。旋压模型分阴模和阳模成型两种。阴模成型多用于杯、碗等器形较大、内孔较深、口径小的产品成型；阳模多用于盘、碟等器形较浅、口径较大的产品成型。旋压成型的优点是设备简单、适应性强，可以旋制深凹制品。但旋压成型的制品质量较差，劳动强度大，坯体密度小且分布不均，含水率高，制品易变形。

④滚压成型：滚压成型是由旋压成型演变而来的，滚压成型将旋压成型的样板刀改为回转型的滚压头。滚压成型也可采用阳模和阴模滚压。阳模适用于成型扁平、宽口器皿和坯体内表面有花纹的制品；阴模则适合成型口径小而深凹的制品。滚压成型的陶瓷制品坯体的组织结构均匀，不易变形，表面质量好（图5-9）。

图5-8　拉坯、手捏、雕塑

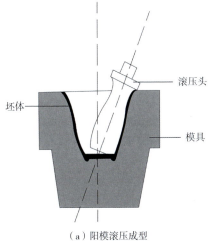

（a）阳模滚压成型

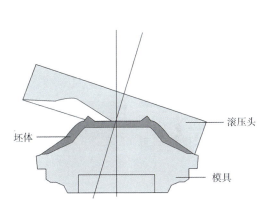

（b）阴模滚压成型

图5-9　滚压成型

⑤挤压成型：挤压成型是指采用真空练泥机、螺旋或活塞挤坯机，将可塑性泥料挤压向前，经过机嘴定型，达到制品所要求的形状。挤压成型适用于各种管状产品，如高温炉管、热电偶套管、电容器瓷管等。坯体的外形与内部构造由挤压机机头的内部形状决定，坯体长度根据需要进行切割（图5-10）。

⑥车坯成型：适用于外形比较复杂的圆柱状产品，根据所用泥料的含水率不同，又分为干车和湿车。干车制成的坯体尺寸较精准，不易变形和产生内应力，不易碰伤、

  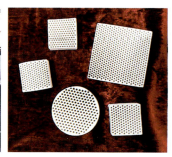

图5-10　陶瓷真空挤出机器及挤出的坯体

撞坏上下坯，易实现自动化，但成型时粉尘较多、效率低、刀具磨损大；湿车所用泥料含水率较高，效率较高，无粉尘，刀具磨损小，但成型的坯体尺寸精度较差。

⑦压制成型：压制成型分为干压成型和等静压成型。干压成型又称模压成型（图5-11），是现代陶瓷生产中较常用的一种坯体成型方法。优点是坯体密度大，尺寸精确，收缩小，机械强度高，电性能好，工艺简单，操作方便，周期短，效率高，便于实行自动化生产。缺点是大型坯体生产困难、模具磨损大、加工复杂、成本高。等静压成型（图5-12）是指将待压试样置于高压容器中，利用液体介质不可压缩和均匀传递压力的性质从各个方向对试样进行均匀加压。当液体介质通过压力泵注入压力容器时，根据流体力学原理，其压强大小不变且均传递到各个方向。等静压成型继承了干压成型的优点，并且降低了生产成本，可以制作大尺寸且精密的坯体。

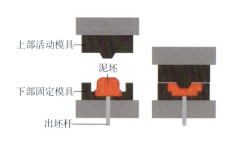

图5-11　模压成型　　　　图5-12　等静压成型

⑧注浆成型：注浆成型是利用多孔模型的吸水性，将泥浆注入其中而成型的方法，这种成型方法适应性强，可生产形状复杂、尺寸较大的制品。但存在生产周期长、劳动强度大、占地面积广、模型消耗多等问题。

注浆成型按制品的构造不同，分为单面注浆和双面注浆。单面注浆适用于小型壁薄的制品，如花瓶、管件、茶壶等。双面注浆适用于浇注两面形状和花纹不同、大型、壁厚的制品（图5-13）。

（3）坯体加工装饰

陶瓷的装饰是技术和艺术的统一，是对陶瓷制品进行艺术加工的重要手段。通过对陶瓷制品进行适当的装饰加工，不仅可以

图5-13　注浆成型及成品

提高制品的艺术价值，给人带来美的享受，而且能显著提高制品的外观质量。坯体的主要装饰方式有雕塑装饰、釉彩装饰、模具印纹装饰、艺术釉装饰等（图5-14）。

①雕塑装饰。雕塑装饰主要分为堆贴加饰和削刻剔减两大类，其中包括捏花、堆花、剔花、刻花、镂空、浮雕、暗雕、圆雕等。堆贴加饰就是在坯体表面增加泥量，并通过堆、贴、塑等工艺方法达到装饰的目的。削刻剔减则是通过堆坯体表面的切削、镂空等方法减去泥量的工艺方法。

②釉彩装饰。釉彩是指用特制材料，在瓷器坯体上绘制图案和纹样。陶瓷的釉彩装饰包括釉上彩装饰，如新彩、古彩、粉彩、广彩等釉上手工彩绘和釉上贴花、印花、刷花等；釉下彩装饰，如釉下青花、釉下喷彩和釉下贴花等；釉中彩装饰，如低温釉中彩、中高温釉中彩等。

③模具印纹装饰。模具印纹装饰是指利用陶瓷材料的可塑性，用带花纹的拍子、印章、模子等印出凹凸质感的纹样，包括戳印、模印、模印贴花等。

④艺术釉装饰。釉是指覆盖在陶瓷制品表面的有色或无色的玻璃质层，当在坯体表面上施加一层玻璃态釉层时，可使制品获得有光泽、坚硬、不吸水的表面，不仅可以改善陶瓷制品的光学、力学、电学、化学等性能，而且有美化器物的功能。装饰釉的种类繁多，包括颜色釉、花釉、结晶釉、无光釉、裂纹釉、变色釉、荧光釉等。

原料是基础，烧成是关键。烧结是陶瓷生坯在高温下的致密化过程和现象的总称。坯体在烧成过程中要发生一系列的物理和化学变化，如膨胀、收缩、气体的产生、

（a）雕塑装饰

（b）釉彩装饰

（c）模具印纹装饰

（d）艺术釉装饰

图5-14 坯体的主要装饰方式

液相的出现、旧晶相的消失、新晶相的形成等。在不同的温度、气氛条件下，所发生变化的内容与程度也不相同，从而形成不同的矿物组成和显微结构，决定了陶瓷制品不同的质量和性能。

普通陶瓷烧成的方法有一次和两次之分。一次烧成，是将生坯施釉，干燥后入窑，经高温一次烧成制品。两次烧成，是将未施釉的坯体，经干燥后先进行素烧，然后施釉，再进行第二次烧成（釉烧）。一次烧成工艺简化了工序，降低了烧成时的热损失，两次烧成提高了坯体强度，有利于后续工序的机械化、自动化，减少了破损，提高了釉面质量。实际生产时应根据产品具体情况进行选择。烧结还可以分为常压烧结和压力烧结；按是否有气分为普通烧结、氢气烧结和真空烧结；按坯体内部反应状态可以分为气相烧结、固相烧结、液相烧结、活化烧结和反应烧结。

小米 MIX 2S（图 5-15）机身采用玻璃前面板＋金属中框＋陶瓷背壳的设计，机身采用的氧化锆陶瓷，具有高韧性、高抗弯强度和高耐磨性，优异的隔热性能、热膨胀系数接近钢等优点。陶瓷机身采用的是一体成型工艺——干压成型。干压成型又称模压成型，是一种陶瓷粉体在压力作用下被压制成具有一定形状的致密坯体的成型方法，主要用于生产轻量、高刚性且形状简单的扁片状手机陶瓷背板等。压制过程一般分两步进行，先通过干压获得背板素坯，然后通过等静压处理，过程稍显复杂，在一定程度上影响生产效率，增加生产成本。

图 5-15　小米 MIX 2S

5.2　玻璃

玻璃是非晶无机非金属材料，一般是以无机矿物为主要原料，另外加入少量辅助原料制成的。广义上的玻璃包括单质玻璃、有机玻璃和无机玻璃，狭义上的玻璃仅指无机玻璃。玻璃透明而质硬，具有良好的光学和电学性能，较好的化学稳定性，有一定的耐热性。玻璃可以用多种方法成型，通过改变玻璃的化学组成可以改变其性能，从而满足不同的用途；能加工制成多种多样的形状和大小、造型美观、经久耐用的玻璃制品；制造玻璃的原料丰富，价格低廉。因此，玻璃制品被广泛应用于建筑、轻工、交通、医药、卫生、食品、化工、电子、航天等各个领域（图 5-16 和图 5-17）。

图5-16　玻璃工艺品

图5-17　日常玻璃用品

5.2.1　玻璃发展的历史与现状

玻璃是世界上人类较早发明的人造材料之一，玻璃的出现与使用在人类生活里已有5000多年的历史，最早的玻璃制造者是古埃及人。历史上玻璃的主要用途与陶瓷一样，是作为容器使用的，此外最早的玻璃还常用作装饰器物。美索不达米亚出土的圆形玻璃吊坠如图5-18所示。

公元前3500年，古埃及人首先发明了玻璃，他们用它来制作首饰，并揉捏成特别小的玻璃瓶。到了公元前1000年，古埃及人掌握了玻璃吹制的工艺，能吹制出多种形状的玻璃产品。大约在4世纪，罗马人开始把玻璃应用在门窗上，公元12世纪出现了商品玻璃，并开始成为工业材料。17世纪发明了制作大块玻璃的工艺，从此，玻璃成

图5-18　美索不达米亚出土的圆形玻璃吊坠

了普通的物品。18世纪，为适应研制望远镜的需要，制出光学玻璃。19世纪，比利时首先制出平板玻璃。20世纪初，美国制出平板玻璃引上机，此后，随着玻璃生产的工业化和规模化，各种用途和各种性能的玻璃相继问世。

在中国历史上，与陶瓷相比，玻璃在艺术品和手工艺品中扮演了一个边缘角色。由于玻璃是温润、半透明的材质，与玉器有着高度的相似性，所以早期中国玻璃制品主要作用就是代替玉，制作仿玉的礼器。在后来的历史过程中，玻璃制品才逐渐脱离玉，成为一种独立的工艺品。

中国最早的玻璃制造考古证据来自春秋末期。据出土文物考证，中国最晚在战国中期就已建立起铅钡玻璃业，到了汉代，玻璃制造业已经达到相当高的水平，出现了不少独具特色的玻璃制品（图5-19）。汉代时期玻璃的使用多样化。这一时期玻璃铸坯的引入导致了模具化玻璃加工工艺的发展，制成了如双盘和其他仪式用物品。魏晋南北朝时期，在传统玻璃配方的基础上产生了新的配方，即改造成为铅玻璃和碱玻璃，这一改变经三国、西晋、东晋的过渡，在魏晋南北朝的中晚期才基本改造完成，并延续到后来的隋唐和宋代。清朝是中国古代玻璃器发展史上最为辉煌的历史时期，玻璃器品种繁多，工艺技术高超，但晚清时期玻璃生产相较于之前，各方面都没有突出的变化。

随着现代科学技术的发展，玻璃的生产工艺不断改进、产品种类不断增多、应用领域不断扩大。玻璃在当下人们的生活中的作用也越来越大，已经成为日常生活、生产和科学技术领域的重要材料。

图5-19 西汉时期玻璃牌饰

5.2.2 玻璃的组成与分类

玻璃的类型分很多种，其分类方法也较复杂。按成分，主要分为氧化物玻璃和非氧化物玻璃（表5-5）。按生产方式，主要分为平板玻璃和深加工玻璃。按工艺，可分为热熔玻璃、浮雕玻璃、锻打玻璃、晶彩玻璃、琉璃玻璃、夹丝玻璃、聚晶玻璃、玻璃马赛克、钢化玻璃、夹层玻璃、中空玻璃、调光玻璃、发光玻璃。

表5-5 玻璃按主要成分分类

类别	分类	特征
氧化物玻璃	石英玻璃	SiO_2含量大于99.5%，热膨胀系数低，耐高温，化学稳定性好，透紫外光和红外光，熔制温度高、黏度大，成型较难。多用于半导体、电光源、光导通信、激光等技术和光学仪器中
	高硅氧玻璃	主要成分为SiO_2，含量为95%~98%，含少量B_2O_3和Na_2O，其性质与石英玻璃相似
	钠钙玻璃	以SiO_2含量为主，还含有15%的Na_2O和16%的CaO，其成本低廉，易成型，适宜大规模生产，其产量占实用玻璃的90%。可生产玻璃瓶罐、平板玻璃、器皿、灯泡等
	铅硅酸盐玻璃	主要成分为SiO_2和PbO，具有独特的高折射率和高体积电阻，与金属有良好的浸润性，可用于制造灯泡、真空管芯柱、晶质玻璃器皿、火石光学玻璃等。含有大量PbO的铅玻璃能阻挡X射线和γ射线
	铝硅酸盐玻璃	以SiO_2和Al_2O_3为主要成分，软化变形温度高，用于制作放电灯泡、高温玻璃温度计、化学燃烧管和玻璃纤维等
	硼硅酸盐玻璃	以SiO_2和B_2O_3为主要成分，具有良好的耐热性和化学稳定性，用于制造烹饪器具、实验室仪器、金属焊封玻璃等
	硼酸盐玻璃	以B_2O_3为主要成分，熔融温度低，可抵抗钠蒸气腐蚀。含稀土元素的硼酸盐玻璃折射率高、色散低，是一种新型光学玻璃
	磷酸盐玻璃	以P_2O_5为主要成分，折射率低、色散低，用于光学仪器中
非氧化物玻璃	硫系玻璃	具有较小的折射率温度系数、较小的热差系数、较宽的红外光谱透过特性、适合模压成型和大口径制备（最大直径可达140mm以上）等特点
	卤化物玻璃	重金属卤化物玻璃是迄今发现的透过波长范围最宽的光学材料。它在红外窗口、激光基质、固体电解质、导弹整流罩和超低损耗通信等方面有潜在的应用

5.2.3 玻璃的基本特性

一般而言玻璃是透明、脆性、不透气并具一定硬度的物料。其无毒无害、无污染、无异味，虽然能透光，但能有效吸收和阻挡大部分的紫外线。玻璃可回收，是一种环保型材料。

（1）物理性能

①力学性能：玻璃的力学性能取决于化学组成、制品形状、表面性质和加工方法。凡含有未熔杂物、结石、节瘤或具有微细裂纹的制品，都会造成应力集中，从而急剧降低其

机械强度。玻璃经常承受弯曲、拉伸、冲击和震动，很少受压，所以玻璃的力学性能的主要指标是抗拉强度和脆性指标。玻璃的实际抗拉强度为30~60MPa。普通玻璃的脆性指标（弹性模量与抗拉强度之比）为1300~1500（橡胶为0.4~0.6）。脆性指标越大，说明脆性大。

②密度：玻璃的表观密度与其化学成分有关，故变化很大，而且随温度升高而减小。普通硅酸盐玻璃的表观密度在常温下大约是2500kg/m³。

③硬度：玻璃的硬度是6.5度，硬度表示材料抵抗硬物体压入其表面的能力。玻璃的硬度大，比一般金属硬。一般硬度越高，耐磨性越好。因此对玻璃进行雕刻、抛光、研磨等加工一般用金刚砂和金刚石刀具。

④导电性：常温状态下，玻璃一般是电的不良导体，少数为半导体；在高温环境下，玻璃的导电性会升高，熔融状态时则变成良导体。

⑤导热性：由于玻璃结构无序、自由电子少，因此是一种热的不良导体。其热导率主要取决于玻璃的化学组成、温度和颜色等。一般不能经受温度的剧变，受巨热、巨冷时会因出现内应力而破裂。

⑥热学性能：玻璃的热学性能主要是针对热膨胀系数和热稳定性。玻璃的热膨胀系数对其成型、退火、加工和封接等都有密切关系。玻璃的热膨胀系数越小，其热稳定性就越高，玻璃的强度也提高。热稳定性的大小是以制品或试样保持不被破坏时所能经受的最大温差来表示。对玻璃热稳定性影响最大的是热膨胀系数，此外，还与玻璃厚度、几何形状、应力分布等都有密切关系。

⑦光学性能：玻璃光学性能涉及范围很广，除常见的反射、吸收、透光及折射等性质外，随着近代科学技术的发展，玻璃的发光、红外辐射、受激光辐射、光波导、光选择吸收、光致变色、光存储、光显示、电光、声光、磁光及非线性光学等特殊功能和性能已成为玻璃光学性质的重要组成部分。通常玻璃制品是均匀而透明的，既能透过光线，又能反射光线和吸收光线，其性质可以通过调整成分、着色、光照、热处理、光化学反应以及涂膜等物理化学方法对其进行控制和改变。

（2）化学稳定性

玻璃抵抗气体、水、酸、碱、盐和各种化学试剂侵蚀的能力称为化学稳定性，可分为耐水性、耐酸性、耐碱性等。玻璃的化学稳定性较好，大多数工业用玻璃都能抵抗除氢氟酸以外酸的侵蚀。玻璃耐碱腐蚀能力较差。高温下水也能侵蚀玻璃，长时期在大气和雨水中玻璃也会受到侵蚀。尤其是一些光学玻璃仪器受周围介质，如潮湿空气等作用，表面形成白色斑点或雾膜，会破坏玻璃的透光性，即玻璃发霉。

5.2.4　玻璃的成型工艺

玻璃的成型是熔融玻璃转变为具有几何形状制品的过程，这一过程称为玻璃的一次成型或热端成型。玻璃必须在一定温度范围内才能成型。在成型时，玻璃液除做机械运动之外，还与周围介质进行连续的热交换和热传递。玻璃液首先由黏性液态转变为塑性状态，然后再转变成脆性固态，因此，玻璃的成型过程是极其复杂的过程。但其过程基本可分为配料、熔化和成型三个阶段，一般采用连续性的工艺过程（图5-20）。

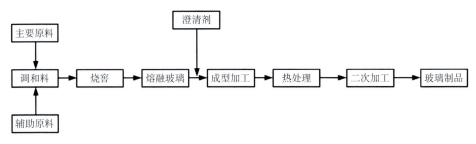

图5-20 玻璃通用成型加工工艺

（1）原料配置

玻璃的原料分为主要原料和辅助原料两类（表5-6）。

表5-6 玻璃主要原料

类别	名称	作用
主要原料	石英砂	是一种坚硬、耐磨、化学性能稳定的乳白色或无色半透明状的硅酸盐矿物质，是重要的玻璃形成氧化物，以硅氧四面体的结构形成不规则的连续网络，成为玻璃的骨架
	硼酸、硼砂及含硼矿物	氧化硼在玻璃中的作用是降低玻璃的热膨胀系数，提高其热稳定性、化学稳定性和机械强度，增加玻璃的折射率，改善玻璃的光泽
	长石、瓷土、蜡石	氧化铝能提高玻璃的化学稳定性、热稳定性、机械强度、硬度和折射率，减轻玻璃液对耐火材料的侵蚀，并有助于氟化物的乳浊
	纯碱、芒硝	氧化钠是玻璃的良好助熔剂，可以降低玻璃的黏度，使其易于熔融和成型
	方解石、石灰石、白垩	氧化钙在玻璃中主要作为稳定剂
	硫酸钡、碳酸钡	含氧化钡的玻璃吸收辐射线能力较强，常用于制作高级器皿玻璃、光学玻璃、防辐射玻璃等
	铅化合物	氧化铅能增加玻璃的密度，提高玻璃折射率，使玻璃制品具有特殊的光泽和良好的电性能
辅助原料	澄清剂	促进排除玻璃中的气泡
	着色剂	通常使用锰、钴、镍、铜、金、硫、硒等金属和非金属化合物，其作用是使玻璃对光线产生选择性吸收，从而显出一定的颜色
	脱色剂	以去除玻璃原料中含有的铁、铬、钛、钒等化合物和有机物等有害杂质，提高无色玻璃的透明度
	乳浊剂	使玻璃制品对光线产生不透明的乳浊状态
	助熔剂	能促使玻璃熔制过程加速

（2）玻璃的熔制

玻璃的熔制是玻璃生产中重要的工序之一，它是配合料经过高温加热形成均匀的、无气泡的并符合成型要求的玻璃液的过程。熔制过程分为硅酸盐形成、玻璃形成、澄清、均化和冷却5个阶段。

（3）玻璃的成型

玻璃的成型是将玻璃液加工成一定形状和尺寸的玻璃制品的工艺过程。玻璃成型的方法有很多，主要有压制成型、吹制成型、拉制成型、延压成型、浇注成型等。

①压制成型：将熔制好的玻璃注入模型，放上模环，将冲头压入，在冲头与模环和模型之间形成制品的方法。压制成型能生产实心和空心玻璃制品，如玻璃砖、透镜、电视显像管的面板及锥体、耐热餐具、水杯、烟灰缸以及技术玻璃制品等（图5-21）。其特点是制品的形状比较精确，能压出外面有线条或带花纹的制品，工艺简便，生产能力较高。缺点是制品粗糙度较高；制品内腔不能向下扩大，否则冲头无法取出，内腔侧壁不能有凸凹的地方；不能生产薄壁和内腔在垂直方向长的制品。

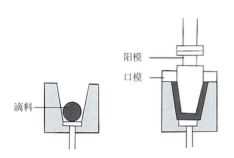

图5-21 玻璃压制成型工艺及成品效果

②吹制成型：指采用吹管或者吹气头将熔制好的玻璃液在模型中吹胀，使之成为中空制品的方法。吹制成型包括人工吹制和机械吹制。人工吹制是以中空铁管作为吹管，在熔融的玻璃液中蘸料，经过滚压后吹成料泡，然后在衬碳模中吹成瓶身，再加工完成瓶口。制品表面光滑，尺寸较精确，但效率低。主要应用于批量小、制作高级器皿、艺术玻璃等。机械吹制有"压-吹法""吹-吸法"等，其中"压-吹法"最为常用（图5-22~图5-24）。机械吹制的生产效率高，设备成本低，模具和机械的选

（a）挑料　（b）滚料　（c）吹小泡　（d）吹料泡　（e）吹制及击脱吹管　（f）割口、烘口

图5-22 玻璃吹制成型工艺

择范围广，但废品效率较高，废料回收利用差，制品的厚度控制和原料的分散性受限制。

③拉制成型：指人工或机械施加引力将玻璃熔融体制成制品的工艺（图5-25）。拉制成型分为水平拉制和垂直拉制。拉制成型适用于加工成型尺寸长的玻璃制品，如平板玻璃、玻璃管、玻璃棒、玻璃纤维等。

④延压成型：利用金属辊的滚动将玻璃熔融体压制成板状制品，可分为平面延压成型和辊间延压成型。平面延压成型是指将玻璃液倾倒在金属平台上，用压辊延展成板；辊间延压成型是指使玻璃液连续倒入两辊筒间隙中滚压成平板。常用于制造平板玻璃、压花平板玻璃、夹丝平板玻璃等。

⑤浇注成型：浇注成型是指将已熔融和澄清均化的玻璃液倒入经预热的模具中成型，然后送入退火窑中进行退火处理。浇注成型大多用于光学玻璃器件、艺术雕刻、装饰玻璃制品和有特殊要求的制品。

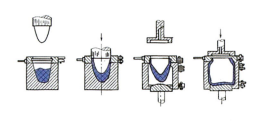

图5-23　机械吹制

图5-24　吹制成型玻璃制品

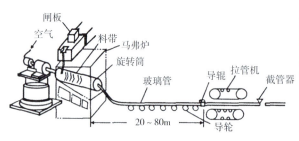

图5-25　拉制成型工艺及其成品

5.2.5　玻璃的二次加工

成型后的玻璃制品，除了极少数能直接符合要求外，大多数还需做进一步加工，以得到符合要求的玻璃制品。经过二次加工可以提高玻璃制品的表面性质、外观质量和外观效果。玻璃的二次加工可以分为成型加工和表面处理（图5-26）。

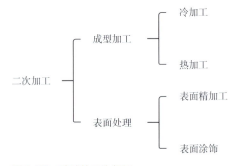

图5-26　玻璃的二次加工

（1）成型加工

①冷加工：冷加工是指在常温下通过机械方法来改变玻璃制品的外形和表面状态所进行的工艺过程（图5-27）。冷加工的基本方法包括研磨、抛光、切割、钻孔、喷砂和车刻等。

研磨：是一种精加工方法。利用涂敷或压嵌在研具上的磨料颗粒，通过研具与工件在一定压力下的相对运动对加工表面进行的精整加工。使制品获得所要求的形状、尺寸、表面平整度及图案等。

抛光：抛光是增加玻璃表面光洁程度的方法。利用化学或物理的方法，去除玻璃表面研磨后仍存在的凹凸层、裂纹、纹路等瑕疵。玻璃抛光的处理方法有火抛光、抛光粉抛光、化学抛光和机械抛光。

切割：玻璃的切割是指利用玻璃的脆性和残余应力，在切割点划一道刻痕造成应力集中，在外力作用下断裂线沿应力走向而展开，从而达到切割玻璃的目的。玻璃冷加工中的切割方法可分为四种：激光切割玻璃、自动切割机切割玻璃、机械切割玻璃、水刀切割玻璃（表5-7）。

表5-7 玻璃冷加工中切割方法特征

类别	特征
激光切割玻璃	采用激光加工机，通过多轴运动来完成三维工件加工的概念，是20世纪70年代初提出并加以实践的切割方法。其特点是不需要掰断，而且断口整齐
自动切割机切割玻璃	玻璃切割机根据其结构及自控水平有许多类型，切割玻璃的形状、规格、尺寸公差、切裁效率及操作劳动强度各不相同。可以切出的玻璃形状有矩形、多角形、圆弧形等。另外还有夹层玻璃自动切割机，可以根据订单的尺寸进行切割加工，然后供用户使用
机械切割玻璃	机械切割玻璃是指利用玻璃的抗张应力低的力学性能，一般采用金刚石或金刚砂在表面施以伤痕，受力部位由于受到张应力而切断的方法
水刀切割玻璃	运用流体力学的原理，以高压的方式对普通水增压，让水从一个小喷头喷出来形成高速射流，利用这种高速射流的力量来切割物体，这种高速射流就被称为水刀

钻孔：利用硬质合金钻头、钻石钻头或超声波等方法对玻璃制品进行打孔。要求孔的边沿距玻璃边沿的距离、两孔孔边之间的距离应大于玻璃厚度的2倍。玻璃钻孔的方法有研磨钻孔、钻床钻孔、冲击钻孔、超声波钻孔、火焰钻孔等。

喷砂：通过喷枪，用压缩空气将磨料喷射到玻璃表面以形成花纹图案或文字的加工方法。

车刻：指通过车刻工具，对玻璃进行雕刻、抛光，从而使玻璃表面产生出晶莹剔透的立体线条，构成简洁明快的现代画面，广泛用于门窗、墙面装饰。

(a) 玻璃研磨抛光　　　　　　　　　　　　(b) 玻璃机械切割

(c) 玻璃钻孔　　　　　　　　　　　　(d) 玻璃喷砂

图5-27　玻璃冷加工

②热加工。有很多形状复杂和要求特殊的玻璃制品需要通过热加工进行最后成型。此外，热加工还用于改善制品的性能和外观质量。热加工的方法主要有火焰切割、钻孔、爆口、烧口、火抛光等。玻璃制品的热加工原理与其成型工艺原理相似，主要是利用玻璃黏度随温度改变的特性以及表面张力、热导率来进行的。

火焰切割与钻孔：用高速的火焰对制品进行局部集中的加热，使玻璃局部达到熔化流动的状态（其黏度达到成形黏度的范围），这时只需要用高速气流便可将制品切开，或者采用内部通气加压形成孔洞。特点是准确、环保、效率高，不存在切割工具的磨损问题等。这种方法适用于钠钙玻璃、高硼硅玻璃，但可能会导致玻璃破碎。

爆口与烧口：用火焰加热的方法来处理一些边缘不平整、爆裂等的加工缺陷。广泛应用于玻璃杯、玻璃瓶等日常生活器皿及玻璃管等。

火抛光：利用火焰软化玻璃表面和火力对玻璃的冲击，可以解决玻璃制品表面出现的材料图案，但处理后玻璃表面的平坦度会降低（图5-28）。

（2）表面处理

在玻璃制品生产过程中，表面处理十分重要。按表面装饰处理的原理分类：纳观微粒沉积、介观或微观粒子沉积、整体覆盖、表面改性。按装饰方法分类：表面镀膜、表面涂层、表面热处理、表面化学处理、表面机械处理、特种处理。

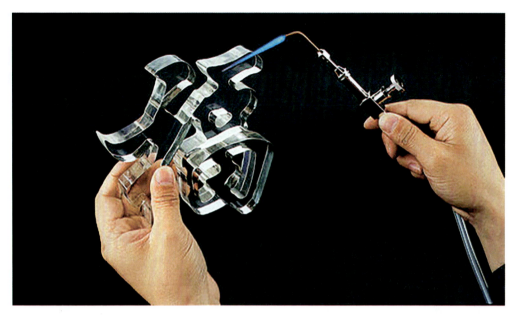

图5-28 玻璃火抛光

①表面精加工。

表面镀膜：玻璃表面镀膜是玻璃表面处理常用的方法，通过镀不同的膜，既起到装饰作用，又能改善玻璃的光学或热学、电学、力学、化学性能。膜层既是装饰性的，也是功能性的。玻璃常用的镀膜方法有化学和物理两大类型。化学类型常用的有：化学气相沉积法、化学还原法、高温分解法和溶液沉积法等。物理类型常用的有：真空蒸镀法、溅射法、离子镀沉积法等。通过不同形式的镀膜方法，可以获得色彩艳丽、品种繁多，具有吸热、遮阳、热反射等功能的镀膜玻璃制品；它们均具有一定的反射红外线、阻挡紫外线等有害射线的功能，是建筑物、汽车的良好装饰材料。

贴膜和夹模：贴膜是指在玻璃表面用黏胶或压敏胶贴上一层或多层的层压薄膜；夹膜是指在两片或多片平板玻璃之间嵌夹塑胶膜或金属膜。玻璃表面的贴膜和夹膜既具有装饰性，又具有各种功能，如增强、遮阳、绝热等。

表面扩散着色和辐照着色：虽然玻璃表面扩散着色和辐照着色的机理不同（扩散着色实质上是离子交换，而辐照着色为玻璃辐照损伤），但均可用于表面装饰。表面扩散着色可使玻璃表面产生颜色从深到浅逐渐变化的花纹图案；辐照着色能使玻璃制品内表面和外表面形成不同颜色，这是整体着色和其他表面着色难以达到的。表面扩散着色和辐照着色的透明性好，与整体玻璃浑然一体，不像色釉与涂层那样易磨损和脱落。表面扩散着色、辐照着色与整体着色相比，着色剂用量低，节约原料成本。但表面扩散着色与辐照着色也存在缺陷：两种方式所产生的颜色种类不如整体着色或色釉多，还存在褪色问题，且设备复杂，需要辐照防护措施。

②表面涂饰。

表面金饰：玻璃表面用金装饰的方法，包括用金箔、金粉、金水、仿金材料来装饰，还有镀金膜。玻璃的金饰是由青铜器、漆器、陶器、瓷器上的金饰发展而来。我国青铜器时代即有了鎏金，由于水银的毒性，影响了推广，直到最近改进后才用于玻璃。玻璃表面处理工艺如图5-29所示。

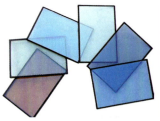
（a）玻璃镀膜

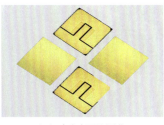
（b）玻璃表面金属化

（c）玻璃表面色釉

（d）玻璃表面刻花

（e）玻璃表面彩印

图5-29　玻璃表面处理工艺

表面色釉：玻璃表面色釉指覆盖在玻璃制品表面的有色低熔玻璃薄层。色釉实质是一种玻璃涂层，厚度可选0.2~0.3mm。色釉既具有装饰功能，又具有使用功能，同时能和玻璃之间很好地结合，不致出现龟裂、脱落等缺陷。

表面刻花和砂雕：玻璃表面刻花和砂雕均属于玻璃机械加工，随着机械加工技术的发展，如高压射流切割、等离子刻花、激光刻花等技术均已用于玻璃表面的机械加工。玻璃刻花指在玻璃表面上刻有许多光洁的刻面，这种多棱的刻面，极大地提高了玻璃的折射效应。刻花是各国对玻璃餐具、花瓶、香水瓶、艺术品等空心制品最普遍又传统的一种装饰方法。玻璃表面喷砂雕刻简称砂雕，是指向玻璃制品表面喷射细砂石或金刚砂，以形成花纹图案、文字的加工装饰的方法。

表面化学蚀刻、化学抛光和蒙砂：玻璃表面的化学蚀刻、化学抛光和蒙砂都是利用酸对玻璃表面的化学侵蚀作用。不同的是蚀刻是指用酸对玻璃局部表面进行侵蚀，玻璃表面呈现一定的花纹图案，可以是光滑透明的，也可以是半透明的毛面；抛光是指整个玻璃受到侵蚀后，得到光滑而透明的玻璃表面；而蒙砂则使玻璃成为半透明的毛面。

表面彩印与堆釉：玻璃表面彩印指用特

种彩印油墨作为印刷载体来进行印刷,印刷后不必烤花,只需固化即可,节约了烤花窑等设备。玻璃表面彩印分为丝网彩印、胶版彩印和凹形彩印等。玻璃堆釉的历史比较悠久,是一种复杂、高档而别具一格的玻璃表面装饰方法。由于整个工艺过程需要上白色釉、上颜色釉和多次焙烧,装饰的图案凸出玻璃表面,故称为高珐琅彩玻璃或高釉玻璃。

5.2.6 案例分析

阿尔托花瓶(图5-30)是由阿尔瓦·阿尔托和他的妻子艾诺·马西奥·阿尔托所设计的。该设计完全突破了瓶子的概念,形式几乎没有规则,因而显得生机勃勃。

阿尔托花瓶系列几乎用了色谱中所有的色彩制作。原先采用无铅水晶玻璃人工吹制成型,随着技术的进步,目前采用机械吹制成型工艺,很大程度上节约了成本。机械吹制法是指先把液态玻璃剪切成滴状,通过导料槽引向压头,然后压头垂直向上与吸头相互挤压成饼状,再由吸头转向吹机。吹机是一个像大磨盘样子的大型设备,料饼被吸头带到吹机工作台,紧接着吹机吹头下落对料饼吹气,再由产品磨具夹进里面。继续吹气,最后成型。

图5-30 阿尔托花瓶

5.3 其他无机非金属材料

5.3.1 石膏

石膏是一种天然的含水硫酸钙矿物。纯净的天然石膏,是无色半透明的结晶体。常呈厚板状,由于杂质的渗入,天然石膏里有时呈米黄色、肉红色、黑色等。普通天然石膏只能做某些产品的原料,不能单独使用,只有通过提炼加工,才能作为一种实体材料使用。石膏制品的成型工艺有浇注成型法、模板刮削成型法等。

5.3.2 晶体

水晶为稀有矿物,是宝石的一种,即石英结晶体,在矿物学上属于石英族。主要化学成分是二氧化硅，化学式为 SiO_2。纯净时形成无色透明的晶体，当含微量元素 Al、Fe 等时呈粉色、紫色、黄色、茶色等。经辐照，微量元素会形成不同类型的色心，产生不同的颜色，如紫色、黄色、茶色、粉色等。含伴生包裹体矿物的被称为包裹体水晶，如发晶、绿幽灵、红兔毛等，内包物为金红石、电气石、阳起石、云母、绿泥石等。加工工艺有雕刻、丝印、喷砂等。

课内讨论题

1. 陶制花盆、瓷制花盆和塑料花盆比较起来，三种材料制成的花盆各自具有哪些优点和缺点？
2. 以一件产品为例，分析其 CMF。

第6章
其他材料

6.1 纤维增强（FRP）复合材料

6.2 菌丝体材料

CHAPTER

导　　言：本章中介绍的材料主要是指有别于传统材料且具有传统材料所不具备的优异性能和特殊功能的新材料，或采用新技术（工艺、装备），使传统材料性能有明显提高或产生新功能的材料。纵览人类材料利用的发展史，每一种重要的新材料的发现和广泛应用，都必将使人类支配和改造自然的能力提高到一个新水平。可以说，新材料是社会现代化的基础和先导。然而新材料的种类繁多，囿于篇幅，本章主要对适用于产品设计的新材料做一定的介绍，具体包括纤维增强复合材料和设计用环保材料的概念、分类、性质及发展前景等。

本章重点： 本章重点介绍两类新材料，即复合材料与菌丝体材料的特性与运用。

教学目标： 通过本章的学习，学生能在了解新材料的性质与工艺的基础上，学会在设计实践中合理地选用新材料。

课前准备： 教师可根据不同的新材料领域做一定图文视频与实物准备。

教学硬件： 多媒体教室。

学时安排： 本章建议安排2~4个课时。任课教师可根据实际需要进行安排。

本章内容导览如图6-1所示。

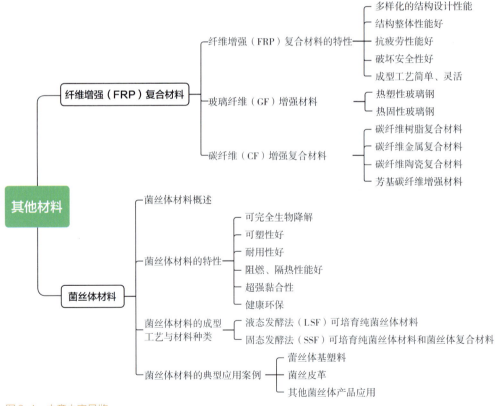

图6-1　本章内容导览

6.1 纤维增强（FRP）复合材料

复合材料是由两种或两种以上物理和化学性质不同的物质组合而成的一种多相固体材料，各种组成材料复合后在性能上能互相取长补短，呈现出优于原组成材料的综合性能，从而合理地满足使用需求。

纤维增强复合材料是由高强度的连续纤维如玻璃纤维、碳纤维、芳纶纤维等，与聚合物基体经过层压、模压或拉挤等成型工艺而形成的复合材料。其中选用的纤维提供主要的加固强度，而聚合物基体（大多数情况下为环氧树脂）充当黏合剂，保护纤维，并将负载转移到纤维之上（图6-2）。

在人类发展史中，复合材料既是一种新型的材料，也是一种古老的材料。复合材料的发展历史大致可分为古代复合材料和现代复合材料两个阶段。早在2500年前的战国时期，中国的工匠们就已经使用泥灰和丝麻为底，用天然生漆反复髹涂，制作成器体轻薄、光洁美观的夹纻胎漆器（图6-3），它具有耐酸、耐碱、耐热、防腐等优异特性，被广泛地应用在生活中。因此，夹纻胎漆器就是主要以天然生漆（大漆）为基体，以丝麻等天然纤维为增强材料，采用特殊髹漆工艺制作而成的古代纤维增强复合材料，亦被称为现代复合材料的鼻祖。当下，各种复合材料层出叠现，在工业设计中的应用体现了前沿科学技术下的材质美，使产品具有鲜明的时代感，因而在产品设计中受到了极大的重视。

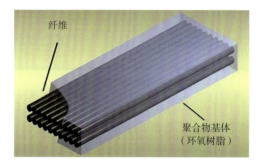

图6-2 纤维增强复合材料

图6-3 彩绘凤鸟纹漆圆奁（战国）

6.1.1 纤维增强（FRP）复合材料的特性

由于纤维增强复合材料能集中和发挥组成材料的优点，并能实现最佳结构设计，因此在种类繁多的复合材料中属于先进复合材料。根据其原材料中黏合剂的性质不同，主要分为热塑性纤维增强复合材料和热固性纤维增强复合材料。目前，在工业设计中得到广泛应用的主要有玻璃纤维（GF）复合材料、碳纤维（CF）复合材料、芳纶纤维（AF）及其他纤维材料等，这些材料与传统材料相比具有质轻、高强度、耐化学品性好、多样化的结构设计、介电常数和介电损耗的可调性等特点（表6-1）。这类材料还具有以下优越的特性。

表6-1 纤维增强复合材料与传统材料性能对比

材料类别	优点	缺点	加工性能
金属	高强度；耐磨	不易加工；价格高；屏蔽信号；重量大；耐化学品性差	可喷涂、电镀、丝印；可添加LDS天线，但会影响信号接收
PC/PMMA	易成型；耐化学品性好；质轻	强度低；厚度大；不耐磨；介电常数和介电损耗不可调	可喷涂、电镀、丝印、纹理；可添加LDS天线
玻璃	高强度；耐磨；耐化学品性好	易碎；不易加工；价格高；重量大；介电常数大	可电镀、丝印、贴膜；无法添加LDS天线
纤维增强复合材料	质轻；高强度；耐化学品性好；多样化的结构设计；介电常数和介电损耗的可调性（包括透波性、屏蔽性、天线设计等）；高透光	拉伸率偏低	可喷涂、电镀、丝印、纹理；可2.5D或3D成型；可添加LDS天线

（1）多样化的结构设计性能

纤维增强复合材料可以在设计产品结构的同时设计材料，按照产品的指定要求，通过组分材料的选择与配合，确定它们在构件中的分布与取向，可在不同的部位和不同的方向上选择不同的纤维及基体，材料结构设计的自由度更高。

（2）结构整体性能好

纤维增强复合材料在加工过程中构件与材料是同步成型的产品（或结构物）。由于这一特点，使之结构的整体性能高，可以大大地节省零部件和复杂连接件的数量，从而缩短加工周期、降低成本，提高构件实现的可能性。

（3）抗疲劳性能好

用纤维增强复合材料制成的产品或构件，在长期交变荷载条件下工作，其疲劳强度极限高于金属材料，具有较长的使用寿命。

（4）破坏安全性好

纤维增强复合材料的产品发生破坏时，不会像金属或陶瓷等传统材料那样发生突然破坏，而是经历基体损伤、开裂、界面脱胶、部分纤维首先断裂，其他纤维仍承受一定荷载，从而延缓突发性灾难的破坏，或者在产品的局部发生破坏而不致造成大面积碎片爆破现象。

（5）成型工艺简单、灵活

纤维增强复合材料可采用模具一次成型来制造各种构件，也可采用手糊成型工艺以及模压、缠绕、喷射、拉挤等成型工艺生产出各种产品。它同时可以适应艺术和形象构建的需要，创造出意想不到的效果，如各种艺术形象、雕塑作品等。

6.1.2 玻璃纤维（GF）增强材料

玻璃纤维增强材料是一种重要的工业材料。根据其原材料中黏合剂的性质不同，主要分为玻璃纤维增强热塑性复合材料和玻璃纤维增强热固性复合材料，又称热塑性玻璃钢和热固性玻璃钢。日常应用中简称的玻璃钢通常指的是热固性玻璃钢。

（1）热塑性玻璃钢

热塑性玻璃钢是以玻璃纤维为增强剂和以热塑性树脂为黏结剂制成的复合材料。玻璃纤维的强度和模量高，耐高温、化学稳定性好，电绝缘性能也较好。用作黏结材料的热塑性树脂有尼龙、聚碳酸酯、聚烯烃类、聚苯乙烯类、热塑性聚酯等，其中以尼龙的增强效果最为显著。

热塑性玻璃钢与热塑性塑料相比，在基体材料相同的条件下，强度和疲劳性能可提高2～3倍，冲击韧性提高2～4倍（与脆性塑料相比），蠕变抗力提高2～5倍，达到或超过了某些金属的强度。同时，热塑性玻璃钢在介电损耗、强度、刚性等方面具有明显优势，可薄型化设计。适用于高强度、可热塑、快速成型、好的信号透过性、多样化的结构设计和厚度设计。在消费类电子产品领域主要应用于手机后盖、计算机外壳及其他电子产品外壳等。

玻璃纤维增强尼龙的刚度、强度和减摩性好，可代替有色金属制造轴承、轴承架、齿轮等精密机械零件，如转椅的底座，还常用于一些大型制品，如洗衣机的皮带轮、电器罩壳以及耐热容器等，也可以制造电工部件和汽车上的仪表盘、前后灯等。

玻璃纤维增强苯乙烯类树脂广泛应用于汽车内装制品，以及收音机壳体、磁带录音机底盘、照相机壳、空气调节器叶片等部件。

玻璃纤维增强聚丙烯的强度、耐热性和抗蠕变性能好，耐水性优良，可用于转矩变换器、干燥器壳体、电风扇、空调设备、洗衣机、台灯、音箱等。如用玻璃纤维增强聚丙烯制作的超静音排水管（图6-4），以及代替金属制作的汽车座椅靠背（图6-5）等。

玻璃纤维增强聚碳酸酯复合材料尺寸稳定，热膨胀系数小且耐冲击，主要应用于电器开关、冷却器等。

图6-4　超静音排水管道

图6-5　汽车座椅靠背

（2）热固性玻璃钢

热固性玻璃钢是以玻璃纤维为增强剂和以热固性树脂为黏合剂制成的复合材料，简称玻璃钢。常用的热固性树脂有酚醛树脂、环氧树脂、不饱和聚酯和有机硅树脂四种。其中酚醛树脂出现最早，环氧树脂性能较好，后者应用更普遍。

玻璃钢的不足之处也较明显，主要是弹性模量和比模量低，只有结构钢的1/10～1/5，刚性较差。由于受有机树脂耐热性的限制，在长期平衡受热结构中，目前一般还只在300℃以下使用。

玻璃钢冲击韧性降低，冲击疲劳韧性有所下降。这是由于玻璃钢是用纤维或布的形式作增强材料，所以它有明显的方向性，玻璃钢的层间强度较低，而沿玻璃钢径向的强度高。在同一玻璃钢布的平面上，经向的强度高于纬向强度，沿45°方向的强度最低，因此玻璃钢是一种各向异性材料。此外玻璃钢还有易老化和产生蠕变等缺点。

热固性玻璃钢在产品设计中应用非常广泛，主要应用于以下几个方面。

①在航空航天飞行器领域，热固性玻璃钢因其轻质、高强、耐腐蚀、导电/绝缘、涂层附着力好等优点，被广泛应用。我国生产的歼6、歼8、轰6等战斗机、美国全球鹰大型无人侦察机等均有不少零部件采用玻璃钢材料制造。

②在造船领域，玻璃纤维增强材料一直都有不俗的表现。早在1942年美国就用玻璃纤维增强不饱和聚酯树脂制成了世界上第一艘快艇。2020年某意大利豪华动力游艇制造商，推出了全世界首艘长达44m属Class系列的玻璃钢游艇Diamond 145（图6-6），这是目前玻璃钢游艇的最大尺寸。美国曾有一艘潜水艇就采用玻璃钢制作艇体，而潜水艇上的装备和武器、各种动力部件的防腐蚀层、鱼雷发射器、鱼雷外壳、扫雷器、雷达罩等也全部采用玻璃钢制造。

③玻璃钢还可用于舰艇上层建筑、配件或各种船装件，如甲板、风斗、风帽、油箱、方向舵、仪表盘、推进器、大型号流帽、救生圈、驾驶室、浮鼓、蓄电池箱、气缸罩、机棚室等。

图6-6　44m长的玻璃钢游艇

④在车辆制造方面，玻璃钢可代替零星钢材制造汽车、机车、客车、拖拉机车身，以及其他配件，如车顶、车门、窗框、发动机罩、通风窗、仪表盘、挡泥板、蓄电池箱、油箱等。另外用玻璃钢可制作铁路车辆座椅（图6-7）、内部装饰板、卫生间、卧铺床板、餐车、水箱、地板、水池、风帽等。从发展趋势看，玻璃钢在车辆上的应用前景是十分可观的。

图6-7　玻璃钢制地铁座椅

⑤在电机电器方面，玻璃钢可以制造重型发电机的护环、电机上的端盖、定子槽

楔，要求刚性好、耐热性好的电热器、电风扇、空调设备、洗衣机、音箱等制品。

⑥在石油、化工方面，玻璃钢可以代替运输石油、化工方面沿用的防腐蚀材料，如不锈钢、铜、铝等金属。玻璃钢还可广泛用于各种风机叶片（图6-8）、格栅、储罐（图6-9）、容器、管道、反应釜、运输槽车、洗涤器、排气烟道、冷却塔、酸洗槽、高位槽等各种各样化工设备中。

圈、轴承套、齿轮、螺栓、螺母等各种零件，随处可见玻璃钢的身影。玻璃钢用作常规武器方面有：半自动步枪枪托、炮弹引信体、炮弹防潮筒、火箭筒护盖和握把、火箭发射管、钢盔以及手术床、担架等；玻璃钢在医学上可用于制造假肢，体育上可用于制造撑竿跳高的撑杆、网球拍、健身器材、滑梯、水上乐园（图6-10）相关设施等，乐器方面如制造风琴外壳、定音鼓；公共设施方面如雕塑（图6-11）、壁画、工艺品等，生活中的家具、门窗、卫生间成套设备，以及收录机、电视机、洗衣机的壳体，电风扇、空调设备甚至自行车等。

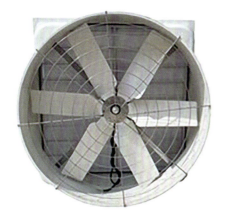

图6-8　玻璃钢制工业电风扇

图6-10　玻璃钢制水上滑梯

图6-9　玻璃钢化工储罐

图6-11　玻璃钢制户外雕塑

⑦在其他方面，玻璃钢的应用也非常广泛。从简单的护罩类制品如电动机罩、皮带轮防护罩、仪器罩等，到成型复杂的结构件如柴油机、造纸机、水轮机、风机、磁选机、拖拉机等各种部件，以及轴承、法兰

此外，热固性玻璃钢也是消费类电子产品领域的常用材料，包含透光纤维增强复合材料、轻质纤维增强复合材料、仿玻璃/高硬度纤维增强复合材料、快速固化纤维增强复合材料、高平整度纤维增强复合材料、低介电纤维增强复合材料等，见表6-2。

表6-2　消费类电子产品领域常用的热固性玻璃钢材料

材料	成分	特性	主要应用
（高）透光玻璃纤维增强复合材料	改性环氧树脂+玻璃纤维布	高透光率，可透UV光，与UV胶有良好的结合力	手机后盖、手机皮套、便携式计算机外壳及其他电子产品外壳等。同时是车船体的补强材料
轻质玻璃纤维增强复合材料	改性环氧树脂+玻璃纤维布	重量轻、强度高	有重量限制和强度要求的产品领域，手机皮套、便携式计算机外壳及其他电子产品外壳、车体等
仿玻璃/高硬度纤维增强复合材料	改性环氧树脂+玻璃纤维布	表面高硬度和高亮度，且不易碎，可取代玻璃陶	适用于对耐刮、亮度、强度、外观等要求高的产品领域，比如手机外壳、便携式计算机外壳及其他电子产品外壳等
快速固化纤维增强复合材料	环氧树脂+玻璃纤维布	可以快速3D成型，可调颜色，具有刚性、强度、硬度等的可调性、结构设计性和减薄度	应用于对强度、重量、外观等有要求的产品领域，比如应用在手机外壳、便携式计算机外壳等。可替代PC/PMMA、玻璃陶材料
高平整度纤维增强复合材料	改性BT树脂+玻璃纤维布	优异的平整度和厚度公差，适合机械精加工	用于对强度、厚度公差、平整度等要求很高的外观件，包括手机外壳、便携式计算机外壳及其他电子产品外壳等
低介电损耗纤维增强复合材料	碳氢改性树脂+玻璃纤维布	是低介电损耗、介电常数可调的材料，增强高频信号的接收及传输，可进行多样化的结构设计	适用于对强度、高频信号透波性有很高要求的产品领域，可添加LDS天线，比如手机、计算机及其他电子产品外壳和结构件等

6.1.3　碳纤维（CF）增强复合材料

碳纤维增强树脂基复合材料是以有机高分子材料为基体、碳纤维（图6-12）为增强材料，通过复合工艺制备而成，具有明显优于原组分性能的一类新型材料。它具有高强度、高模量、抗疲劳、耐腐蚀、可设计性强、便于大面积整体成型以及具有特殊电磁性能等特点。20世纪50年代初应火箭、宇航及航空等尖端科学技术的需要而产生的，现在已经成为最重要的航空结构材料之一，同时更广泛应用于体育器械（图6-13）、纺织、化工机械及医学等领域。

与玻璃纤维相比，碳纤维具有高强度、高模量的特点，是比较理想的增强材料，可用于增强塑料、金属和陶瓷。同时，碳纤维是一种新型非金属材料，它和它的复合材料具有高强度、高模量、耐高温、耐腐蚀、耐疲劳、抗蠕变、导电、传热、密度小和热胀系数小等优异性能。碳纤维增强树脂基复合材料还有一个显著特征是"质轻"，被誉为"轻量化之王"（图6-14），应用在汽车领域可使汽车减重30%～60%，在汽车轻量化方面发挥着关键作用。它是新能源汽车"瘦身革命"的领导者，也是目前解决新能源汽车减重的最好方法。

图6-12 碳纤维

图6-13 碳纤维制滑雪板

图6-14 碳纤维材料的应用可以有效帮助汽车减重

（1）碳纤维树脂复合材料

作为基体的树脂目前应用最多的是环氧树脂、酚醛树脂和聚四氟乙烯。这类复合材料的密度比铝轻、强度比钢高、弹性模量比铝合金和钢大，疲劳强度高，冲击韧性好，同时耐水和湿气，化学稳定性好，摩擦系数小，导热性好，受X射线辐射时强度和模量不变化等。总之，其性能比玻璃钢普遍优越，可以用于航天器的外层材料，人造卫星和火箭的机架、壳体、天线构架，用作各种机器中的齿轮、轴承等受载磨损零件，活塞、密封圈等受摩擦件。在人造卫星飞行器本体结构方面，碳纤维复合材料主要用作飞行器的中心承力筒。法国电信一号卫星的4条中心承力筒就是由碳纤维复合材料制成的，其通过螺接连接在由碳纤维复合材料制成的仪器平台上。另外，碳纤维复合材料还被用于制作连接支架和卫星的大梁结构，如美国某公司使用碳纤维复合材料制作了双元"OV-Ⅰ"卫星的4根大梁结构。另外，"ATS"卫星的地球观测舱也采用碳纤维复合材料制造的连接支架。

（2）碳纤维金属复合材料

碳不易被金属润湿，在高温下容易生成金属碳化物，所以这种材料的制作比较困难，现在主要用于熔点较低的金属或合金。在碳纤维表面镀金属，制成了碳纤维金属基复合材料。这种材料直到接近金属熔点时，仍有很好的强度和弹性模量（图6-15）。用碳纤维和铝锡合金制成的复合材料，是一种减摩性能比铝锡合金更优越、强度更高的高级轴承材料。法国已有先例：用长纤维增强碳化硅复合材料制造高速列车的制动件，显示出优异的摩擦磨损特性，取得了满意的使用效果。

（a）碳纤维材料制造轻便自行车架　　（b）轻量化碳纤维轮辋

图6-15　碳纤维金属复合材料

（3）碳纤维陶瓷复合材料

与石英玻璃相比，碳纤维石英玻璃复合材料的抗弯强度提高了约12倍，冲击韧性提高了约40倍，热稳定性也非常好。它克服了玻璃最大的缺点——脆性，从而变成了比某些金属还坚固的不碎玻璃，是一种新型陶瓷材料。如果在普通玻璃中混以60%的碳纤维细粉，强度也要提高许多倍。经过碳纤维增强的陶瓷，无论在抗机械冲击性，还是在抗热冲击性方面，都有了极大的提高，这在很大程度上克服了陶瓷的脆性，同时又保持了陶瓷原有的许多优异性能。目前比较成熟的碳纤维增强陶瓷材料是碳纤维增强碳化硅材料，因其具有优良的高温力学性能，在高温下服役不需要额外的隔热措施，因而在航空发动机、可重复使用航天飞行器等领域具有广泛应用。碳纤维陶瓷复合材料已实用化或即将实用化的领域有刀具、滑动构件、发动机制件、能源构件等。

（4）芳基碳纤维增强材料

传统的碳纤维增强复合材料一直是灰色或黑色，而随着技术的发展，也逐渐出现了彩色的碳纤维复合材料，即芳基碳纤维。它是由芳基纤维和碳素纤维十字混编而成的，根据芳基纤维的不同分为蓝芳碳、黄芳碳和红芳碳三种。目前这种材料在乒乓球拍的性能设计当中发挥着十分关键的作用。

在乒乓球板中加入碳素纤维层已经有非常长的历史了。碳纤维自身强度高、易折损，因此用作球板纤维时振动频率较大，能够在一定程度上限制球板的整体形变，因此碳纤维的球板往往表现为反弹力大、击球弧线低平且速度快。同样也会带来一些脱板速度过快、难控制等不利因素，因此碳纤维球板更适合用于快攻打法，以强化击球的初速度。

芳基纤维自身硬度不高，韧性极好且不易折损，在军事上常被用作防弹衣材料。芳基最大的特点在于即便遇到较大幅度的振动，它也能很快恢复静止，也就是说振动衰减所需时间短，因此芳基球板击球时的振动频率不高，但是力量反馈却十分集中，持球效果较好，甚至可以媲美纯木（图6-16）。

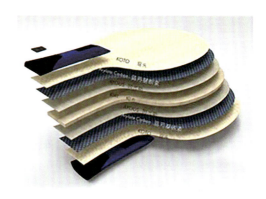

图6-16　芳基碳纤维在乒乓球板中的应用

因此，芳基纤维能够充分释放击球的旋转，并且手感佳，十分适合弧圈球技术的需要。

当芳基与碳素混编就创造了神奇的芳基碳纤维。该材料结合了两种纤维的优点，其本身的强度较大，能够加强球板自身的硬度，让球板拥有较高的反弹效率，却不会脱板太快导致难以持球，且击球不发散、不乱跳，稳定而又有劲儿，可谓刚柔并济，让芳基与碳素形成了很好的优势互补。

芳基碳纤维增强复合材料在汽车制造中也有不俗的表现。著名的豪奢汽车品牌劳斯莱斯在其车内使用碳纤维复合材料已是常规操作，但是芳基碳纤维的使用为其带来了色彩上的新概念，见图6-17。

图6-17　芳基碳纤维制造蓝色汽车内饰

6.2　菌丝体材料

2007年美国某公司通过在农业废物中种植菌丝，制造了包括吸水剂、阻燃剂和介质在内的许多不同的材料品种，作为聚苯乙烯和塑料包装的替代品，这就是最早的菌丝体材料。后来全世界范围内不断有企业利用菌丝体材料研发生产出菌丝体家具、菌丝砖和菌丝皮革等新品种。

6.2.1　菌丝体材料概述

菌丝体（mycelium）是真菌物质生成的类似血管状菌丝的集成体，真菌在生长时，作为蘑菇的根系网络，这些菌丝体会向外侧延伸，纵横交错，形态各异，可以深入土壤和缝隙中，在基质中蔓延伸展，形成网状结构。菌丝体具有超强的吸附和渗透能力，能够牢固地黏合在各种表面上（图6-18）。

菌丝体是一种种植出来的天然真菌材料，自然界的植物秸秆大部分是其基质来源。在其生长过程中，当菌丝网络延伸时，它分解植物物质，并将分解后的产品转化，用作有机农业废物的黏合剂。基质里天然纤维中的纤维素，对菌丝体来说，既是食

图6-18　蘑菇与天然菌丝体

物，也是菌丝体生长的框架。它可以生长在各种基质上：稻草、麻、羊毛、棉花、大米、杨树、稻草、谷物、咖啡渣、锯末、木片、种子或任何纤维化的天然材料。菌丝体的材料利用了天然的、真菌的特性，即用其组织将较小的碎片连接成较大的形状，有效地充当了无限的、环保的天然胶水。正是这种天然黏合特性，使得菌丝体近年来被用于发展新型材料，可以被塑造加工成几乎任何形状。它的环保制造过程几乎不需要任何能源，产生的废物也非常少。其天然可降解的特性尤其受到眼下关注环保及可持续发展的人们青睐。

6.2.2　菌丝体材料的特性

作为一种新兴的生物材料，菌丝体材料是对环境友好、对人类友好型环保材料。菌丝体材料可以在不同的环境下生长和适应，其原材料成本低、本地化程度高。它可利用区域性的农业废弃物作为原材料，也可根据世界不同地区农作物副产品开发不同的生产模式（图6-19）。例如，在中国可以使用稻壳或者棉籽壳；在北欧或者北美洲可用荞麦皮或者燕麦皮。这种可再生的天然材料可通过控制其生长环境进行生物工程改造，从而能够根据用途，制成从细片到厚垫或模塑产品等几乎任何形状。其加工后得到的菌丝体产品经使用废弃后可以直接作为家庭堆肥或园艺覆土，如果条件合适，30～45天就能完全降解，回归大自然。因此，菌丝体材料具有很多优越的特性。

图6-19　不同的原材料制成不同的菌丝体复合材料

①可完全生物降解：菌丝体材料是利用菌丝体的生长，从有机废料中制造出的材料，具有完全可生物分解的特性，可以在自然环境中进行无污染的分解降解。它是易使用、可持续的生物循环材料。

②可塑性好：菌丝体材料可以通过调节生长条件来改变其形态和物理性质，具有很强的拉伸性和弹性，可以制成各种形状的产品。

③耐用性好：菌丝体材料具有很好的抗压和抗冲击性能，可以承受一定的载荷。

④阻燃、隔热性能好：由于真菌菌丝体本身不可燃，甚至可以直接承受火焰烧灼，是一种良好的天然阻燃和隔热保温材料。

⑤超强黏合性：菌丝体可以像毛细血

管一样蔓延到基质间的细小缝隙里，犹如黏合剂一样黏附于基质，其死后也可以保持其完整性，所以菌丝体也可以用来作为材料的天然黏合剂。

⑥健康环保：菌丝体材料无毒无害，重量轻、防水、防火，可以作为食品包装和医疗器械等领域的理想材料。

因此，菌丝体材料在包装、建筑、医疗、交通、海洋工程、生活用品等领域具有广泛的应用前景，具有很强的研究价值与实用价值，是一种具有很大发展潜力的生物可降解材料。

6.2.3　菌丝体材料的成型工艺与材料种类

菌丝体材料是在适宜培养条件下，灵芝孢子逐渐成长为线状"菌丝"，而后线状菌丝之间相互缠绕聚集，组成密集的菌丝体片状结构。培养方法主要包括液态发酵法（liquid surface fermentation，LSF）与固态发酵法（solid state fermentation，SSF），见表6-3。

表6-3　菌丝体材料的成型工艺与材料种类

成型工艺	工艺特点	工艺缺点	材料种类	材料特点	应用领域
液态发酵法LSF	生长速度较快、成品厚度较均匀，易与营养液分离	产品较薄，易受到污染	纯菌丝体材料	类纸膜状及类皮革状材料，抗拉强度高、耐火性能优异，可印压、染色及缝合	主要应用于医疗、服饰、交通、生活用品等领域
固态发酵法SSF	生长速度较快、成品较厚、成本较低、污染风险较低、对于技术设施的需求较低	不同区块菌丝体对营养底物的吸收情况不同，厚度难以均匀，且不易与底物分离		制成品形态为类皮革状、泡沫状类，在外观上有明显生长斑纹，颜色大多呈现分布不均的褐色、黄色等，脱水后表面呈现类似树皮或皮革的纹理，有一定的拉伸性，从而达到皮革和橡胶的材料性能。可印压、染色、缝合、与其余面料结合生长	主要用于生产动物皮革、合成泡沫、绝缘材料、纺织品和高性能纸样材料等产品的替代品
	生长速度快，可自主塑形，可在营养底物中加入废弃塑料	—	菌丝体复合材料	制成品形态为复合砖块状，表面有颗粒感，质地坚硬，颜色为白色或黄褐色。此材料具有可塑性，可冷压缩、热压缩，可与其余材料结合生长等特性	应用于缓冲包装、建筑、交通、服饰、家居等领域

（1）液态发酵法（LSF）可培育纯菌丝体材料

液态发酵法（LSF）可培育纯菌丝体材料。其特点为生长速度较快、成品厚度较均匀但较薄，易与营养液分离，易受到污染，并仅限于生产类纸膜状及类皮革状材料，如

图6-20所示。此类材料可印压、染色及缝合。相较于传统纸浆材料,纯菌丝体材料在抗拉强度、耐火性等方面具有优势。

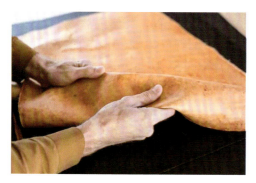

图6-20 菌丝体制成的蘑菇纯素皮革

(2)固态发酵法(SSF)可培育纯菌丝体材料和菌丝体复合材料

固态发酵法培育的纯菌丝体材料在外观上有明显的生长斑纹,颜色大多呈现分布不均的褐色、黄色等,待水分蒸发后,表面呈现类似树皮或皮革的纹理。甘油可增强其拉伸性,从而达到皮革和橡胶的材料性能(图6-21)。SSF培育的纯菌丝体材料生长速度较快、成品较厚(图6-22)、成本较低、污染风险较低、对于技术设施的需求较低,然而根据不同区块菌丝体对营养底物的吸收情况不同,厚度难以均匀,且不易与底物分离。制成品形态为类皮革状、泡沫状类,可印压、染色、缝合、与其余面料结合生长。该方法主要用于生产动物皮革、合成泡沫、绝缘材料、纺织品和高性能纸样材料等产品的替代品。

SSF培育菌丝体复合材料的方法是将菌丝体接种到营养底物上,并对其降解转化并吸收,底物为菌丝提供营养物质使其生长。菌丝相互交融形成密集的网络直至完全渗透并包裹整个营养底物。营养底物一般为木屑、稻谷壳、玉米芯、废纸浆、亚麻等,除此以外也可以加入废弃塑料或废弃植物纤维等,最终菌丝体复合材料的形状与放置营养底物的模具形状一致。营养底物的种类、比例、模具等因素均会对生长过程产生影响,调节上述因素可控制材料性能和形态。使用此方法培育的菌丝体材料生长速度快,可自主塑形,制成品形态为复合砖块状,表面有颗粒感,质地坚硬,颜色为白色或黄褐色。干燥后可用作超强、防水、防霉和防火的建筑材料,可以长成特定形状,从而减少加工要求(图6-23)。此材料具有可塑性,可冷压缩、热压缩,可与其余材料结合生长等特性,多应用于缓冲包装、建筑、家居等领域。

图6-21 纯菌丝体材料具有橡胶一样的柔韧性

图6-22 纯菌丝特征

图6-23 SSF方法培育的纯菌丝体材料

6.2.4 菌丝体材料的典型应用案例

(1) 菌丝体基塑料

菌丝体基塑料是培育菌丝体复合材料时,在营养底物中加入废弃塑料后利用固态发酵法制成的一种环保材料。与传统的石油基塑料及其他生物降解塑料相比,菌丝体基塑料具有原材料成本低、环境友好、安全、惰性、可再生等优点,虽然其力学性能相比传统的聚苯乙烯等略逊一筹,但是综合考虑其密度低、抗压回弹性好的特点,其在包装、建筑、家居、交通、海洋工程等诸多领域以多种形式小规模推广应用。

图6-24 菌丝体材料用于产品包装

①包装材料领域。聚苯乙烯是最常见的包装材料,也是最难降解的塑料之一,垃圾填埋场中约有30%的废物为聚苯乙烯。菌丝体基塑料有望成为聚苯乙烯泡沫包装材料的替代品,在减少聚苯乙烯白色污染的同时实现农业废弃物的资源化利用,具有良好的经济和环境双重效益。目前某些国外公司已采用菌丝体环保包装材料代替以前使用的聚苯乙烯包装,用于大型计算机服务器及家居产品的支撑和包装,如图6-24所示。另外,利用菌丝体基塑料的自组装特性可以实现复杂形状包装件的定制,因此也被用作化学试剂、玻璃容器、LED组件等产品的缓冲包装(图6-25)。

②家居和建筑材料领域。采用菌丝体基塑料替代现有建筑和家具行业中普遍使用的纤维板、三合板等木材产品,在满足使用

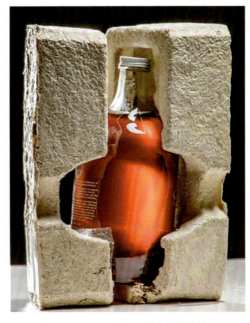

图6-25 MycoComposite 缓冲保护材料

性能要求的同时，一方面有助于减少木材使用量、保护森林资源；另一方面可以避免因胶黏剂挥发等引起的室内污染（图6-26）。

菌丝体本身不可燃，甚至可以直接承受火焰烧灼，是一种良好的天然阻燃材料。因此，利用其和惰性原料（如珍珠岩、贝壳等）所制备的菌丝体基塑料同样具备良好热稳定性和阻燃性，对于机动车噪声频段（1000 Hz）的吸收率高达75%，可以进一步在建筑和家居产品中用作隔音、隔热、阻燃和防火材料。也可以利用其特性制成各类生活用品：如一次性菌丝体烧烤架，由真菌丝体和升级再造纺织材料的独特混合物制成的模块等。同时，由于其低廉的材料成本，菌丝体基塑料建材还可用于应急避难、灾后重建等场合。

图6-26　用菌丝体基塑料制作的环保建材

③交通、海洋、国防等领域。菌丝体基塑料可通过固态发酵法得到与模具形状完全一致的制成品，具有良好的缓冲和隔音特性，可取代现有聚氨酯泡沫等材料。多家汽车生产商正尝试将菌丝体基塑料运用在汽车的保险杠、仪表门、车门等部件中。菌丝体基塑料还可以制造船舶缓冲件、海洋浮标、人工浮岛等海上设施；也可以制作湿地浮筏，在其上种植水生绿植，对雨水净化、水温调节、水体修复等提供帮助。利用菌丝体基塑料还可以实现战场装备快速修复、自销毁无人作战系统等技术。

④环境保护领域。真菌在生态系统中的主要作用之一是分解有机化合物。石油产品和一些杀虫剂（典型的土壤污染物）是有机分子（即它们建立在碳结构上），它们在菌丝体的生长过程中可以成为真菌的潜在碳源，即"吃掉"塑料，从而达到从环境中根除此类污染物的目的。这种生物降解被称为生物修复的过程。例如，日常使用的一次性纸杯或一次性纸质外卖盒，虽然大部分材料都是纸浆，但就是因为杯子表面一层薄薄的防水塑料涂层，导致这些杯子在使用后没法直接被回收。全球每年仅一次性咖啡杯平均会消耗5000亿个，这将造成大量垃圾。菌丝体可以用无法直接回收的一次性纸杯做原材料，将原本的垃圾转化成为制作家具的原料（图6-27）。利用菌丝体还可以制作宠物用棺材，只需要一到两年就能将其完全分解，新材料的应用可以创造出一个全新的尸体处理闭环生态系统。

用菌丝体培养出来的菌丝垫具有生物过滤器的潜力，也可以去除土壤和水中的化学物质及微生物，这对于环境保护领域具有十分重要的意义。

图6-27　菌丝体转化一次性纸杯的废弃物

（2）菌丝皮革

菌丝皮革是纯菌丝体材料脱水后制成的仿皮革，手感、味道和耐用度都与真皮非常接近，可以上色、压纹和缝合，且抗菌，降低致过敏的风险。菌丝体用两周时间就可以完成快速长成，与传统动物皮革相比，大大减少所需的水和其他资源，也减少温室气体的排放，是动物皮革的绝佳替代品。现在已有多家奢侈品牌、鞋履品牌、服饰品公司等采用菌丝皮革研发新产品。例如某著名运动品牌在2021年推出了采用菌丝皮革制成的鞋子（图6-28）；法国某奢侈品公司与生物材料公司合作，在2021年用菌丝体培育的皮革替代品重新设计了手袋（图6-29），经过测试，在抗拉强度、耐磨性和色牢度等

图6-28　某著名运动品牌推出的菌丝皮革运动鞋

图6-29　某品牌的菌丝皮革手袋

方面，菌丝体皮革的性能甚至超过了传统动物皮革；菌丝皮革还可以制造瑜伽冥想坐垫和行李袋等产品。

除了利用菌丝体模仿现有材料外，菌类也被用于为一种特别的衣服——寿衣创造全新的解决方案。人类原本也是自然界的一员，"尘归尘，土归土"本是每个人理所当然的结束方式。但研究发现人类体内存在219种会对土壤造成污染的毒素。于是，科学家们从菌丝体入手找到了解决途径，设计出一套"无限寿衣（infinity burial suit）"（图6-30）。通过在这件看起来像"忍者睡衣"一般的衣服上布满精心挑选和搭配的菌类，无限寿衣会逐渐将遗体中的毒素清除，并转化成植物可吸收的营养物质。

图6-30　身着无限寿衣的设计师

奔驰公司在2022年推出的电动汽车概念车，其座椅也使用了天然环保材料菌丝皮革，诠释了"人与自然"的设计理念（图6-31）。

（3）其他菌丝体产品应用

①灯具设计。利用麻纤维菌丝体材料，以其重量更轻，较好的强度，应用于灯具设计（图6-32），其形态表现突出了菌丝的自由生长特性，并利用产品与环境、人的关系表达生态、情感理念。拥有天然环保属性的菌丝体在与现代化材料结合使用的时候也毫不逊色，质朴与简约风格的碰撞营造出另一种环保时尚。

图6-31　内饰采用菌丝皮革制成的概念车

图6-32 麻纤维菌丝体材料的灯具设计

②菌丝体容器设计。由菌丝体制成的容器,通过与稻草混合来增强其强度和结构。菌丝体在3D打印模具中生长,从而创建出一系列家居用品。菌丝体花器设计(图6-33),不同的作品有不同的形状和纹理,模仿陶器独特的手工制作外观,从基材到黏合剂都是全天然、可降解的,这种环境友好型材料,其产品外观也体现出一种朴拙、天然的韵味。

③菌丝体座椅设计。菌丝体作为一个多层的生物基成分,能够承载超过其重量20倍的负荷。在菌丝体座椅的生产过程中,可以通过调整其营养底物的成分以得到合适性能的材料,使其既拥有舒适的弹性与柔韧性,又保持合理的支撑特点(图6-34)。该产品是完全可生物降解的材料,满足了循环经济的要求。

此外,由于不同蘑菇的菌丝体细胞中几丁质、葡聚糖等主要成分的差异,使得科学家在菌丝体材料的制作中可以根据不同需

图6-33 菌丝体花器设计

要来选取不同种类的蘑菇作为培养对象。自然界中，大型真菌种蘑菇超过两万种，这些丰富的菌种资源，为菌丝体材料的生产和应用提供了近乎无限的可能性。未来各类菌丝体材料制品将会进入千家万户，让人们的生活变得更加丰富多彩。

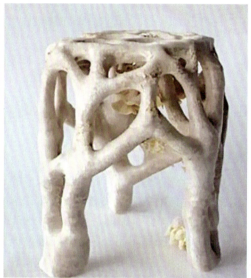

图6-34 菌丝体座椅设计

结构与工艺篇

第7章　认识结构与生产模具

第8章　认识表面工艺

以材料为核心的产品CMF设计，颜色是区分产品部件的第一要素，材质是区分产品部件的又一要素，而产品的结构则是进一步认识产品部件划分的依据，有了对产品各个部件的认识，才能更好地理解整体与部分之间的关系、部件与部件之间的关系。

　　因此，只有在对材料加工工艺和表面处理工艺的理解的基础之上，才能更好地理解CMF设计的必要性与可拓展性。产品的材料与工艺，色彩与光影，结构与部件，形态与美感，品牌与内涵，形式与意义，环环相扣，彼此勾连，形成了产品CMF设计的系统。

7

第7章
认识结构与生产模具

7.1 认识产品结构

7.2 产品部件与生产模具的案例介绍

7.3 产品组装与连接

导　　言：工业产品设计的目的是在满足功能要求的前提下，使产品外形美、结构合理、使用方便、维修方便。在产品设计中，结构设计是实现这个目标的重要手段之一，主要满足三方面需求：功能的实现、外形的处理、结构合理性。

本章重点：本章结合案例介绍了产品结构和生产模具相关的基本知识，让学生从不同角度更好地认识产品、理解设计。

教学目标：通过本章的学习，学生能够从生产视角认识产品主体的各个部件、结构之间的关系，并通过模具的引入理解不同材料的成型工艺。

课前准备：先从身边可以简单拆卸的产品入手，有条件时可以在实验室借助工具对废旧物品进行拆解与安装的小实验，培养学生的动手能力。

教学硬件：多媒体教室、CMF实验室或模型试验室。

学时安排：本章建议安排2～4个课时。

本章内容导览如图7-1所示。

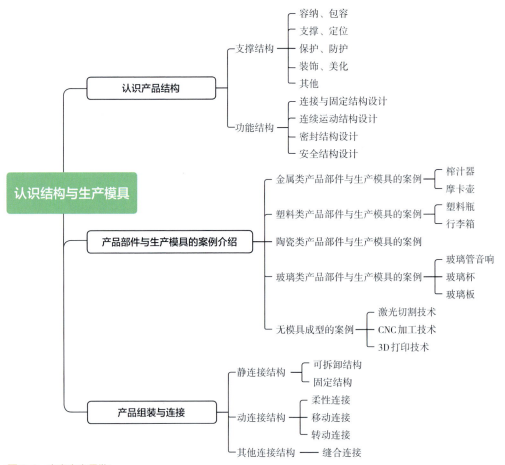

图7-1　本章内容导览

7.1 认识产品结构

结构设计是产品设计的重要组成部分，它是产品外观形态和功能实现的基础，是在概念设计确定造型方案后，用三维数字模型来表现产品的结构形式、特征和空间布局，从而形成三维可视化效果图，以表达设计者的创意与设计意图。其含义是在满足功能和造型要求的基础上，把产品各组成部分的形状、大小、位置以及它们之间的相互关系进行合理的组合，以形成新的、具有特定功能和结构形式的整体。以手电筒为例，结构设计在确定外观、色彩、表面加工工艺等外部设计之后进行，通过三维建模的方式，将电机、线路、开关等内部器件置入手电筒内，然后对产品外壳进行分件、抽壳，使之符合注塑开模的需求，再设计壳体与零件、零件与零件、壳体与壳体之间的固定和配合，壳体与内部器件的固定等，考虑产品的生产工艺和组装要求，设计用户看不到的产品内部。设计师需要对产品的工作原理、内部构造、制造方式、工艺流程、模具设计、连接与组装方式等具有充分、全面的了解，才能保证设计方案的成本可控、质量可靠和易于实现。

工业产品设计的目的是在满足功能要求的前提下，使产品外形美、结构合理、使用方便、维修方便。在产品设计中，结构设计是实现这一目标的重要手段之一，主要满足以下三个方面需求。

①功能的实现：产品是由不同功能组成的，为了满足各种功能要求，必须确定产品的形状、尺寸及相互关系。

②外形的处理：为了使产品在使用时达到美观大方、结构合理、使用方便等要求，需要根据人们的审美观和心理要求，对产品造型进行处理。

③结构合理性：产品的外形不能过于复杂或过于简单，要使各个部件之间相互配合协调。同时要充分考虑到人与机器之间的相互关系，避免因碰撞而损坏零件和影响使用性能。

7.1.1 支撑结构

产品结构按部件在产品运行中的状态分为支撑结构与功能结构。支撑结构指在产品运行中保持相对静止的结构，主要起到保护产品内部与支撑、固定零部件的作用，如灯罩、计算机外壳等。以塑料产品为例，支撑结构外在表现为产品外壳，内在表现为加强筋、螺纹柱等，如图7-2所示。对于某些具有容纳功能的产品，支撑结构的设计也会影响产品外观，如矿泉水瓶、一次性餐盒的花纹既有强化壳体功能，也有装饰美化的作用。

外壳设计是产品结构设计和造型设计的关键内容，是产品外观的表现主体，也是产品的骨骼轮廓，一般将外壳设计为厚度均匀、较薄且凹凸较少的壳体。一般壳体功能可概括为5个方面。

①容纳、包容：将产品内部功能零部件包裹于内。

②支撑、定位：支撑产品整体形态，固定产品内部零部件位置与相互的空间关系。

③保护、防护：减少产品内部功能零件受外界环境的影响、破坏、干扰以及保护

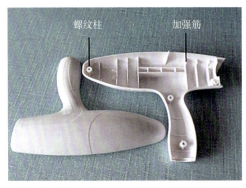

图7-2　产品外壳及内部支撑结构

使用者免受伤害。

④装饰、美化：将复杂凌乱的内部器件整合为一体，以简洁美观的外观造型呈现，兼具科技美与造型美。

⑤其他：依产品的功能和使用目的而定，如头戴式耳机外壳需要有弹性，运钞车壳体需要防弹等。

设计产品的支撑结构，在满足强度、刚度等设计要求的基础上，还需要考虑定位零部件的方式，满足拆卸或密封需求以及造型美观。零部件的固定方式与零件功能相适应，如手电筒灯泡只需保持固定，而摄像机的镜头结构需满足透镜固定稳定且能方便、精准实现变焦。壳体间的组合方式由产品特点而定，对于长久使用或可能多次拆卸的产品，需考虑便于拆卸、耐用的结构；对于经常拆卸、分合、启闭等的产品，需考虑便于快速拆卸、组装的结构。支撑结构的美观度一方面表现为材料的生产方式（本章第二节详述）及加工方式（第八章详述），另一方面表现为简洁的外壳设计与合理的加强结构设计，如汽车轮毂设计，既能支撑轮胎，又能展现不同汽车品牌特征。此外，科学技术的进步，使得产品设计在一定程度内摆脱产品结构、功能的制约，实现更多的造型可能性。

产品支撑结构设计通常可遵循5个步骤，如图7-3所示。

图7-3　支撑结构设计流程

7.1.2　功能结构

功能结构指实现产品旋转、滚动、密封、拆卸等功能的结构，按功能用途可分为连接与固定结构、连续运动结构、密封结构以及安全结构等。产品设计中连接与固定结构最为常用；连续运动结构与安全结构通常用于设计较复杂、专业要求较高的产品，如车辆、加工机床等；密封结构适用于具有容纳功能、保护功能、密封性强的产品，如高压锅、汽车轮胎等。

（1）连接与固定结构设计

连接与固定结构在产品设计中起到整合部件、实现功能、稳定支撑等作用，是设计师必须考虑的重要环节。按照不同的分类标准，连接结构可以分为不同的形式。以连接原理分类，可以分为机械连接、粘接和焊接三种方式；根据部件的活动状态与结构功能可以分为静连接和动连接，连接方式见表7-1。

表7-1 连接方式

机械连接	铆接、螺栓连接、键销、可拆卸型卡扣、榫卯等
焊接	熔化焊：气焊、电弧焊、激光焊等
	压力焊：电阻焊、冷压焊、爆炸焊等
	钎焊：烙铁钎焊、火焰钎焊、炉中钎焊
粘接	黏合剂粘接、溶剂粘接
静连接	不可拆固定连接：焊接、铆接、粘接等
	可拆固定连接：螺纹连接、销连接、过盈配合连接、弹性变形连接等
动连接	柔性连接：弹簧连接、软轴连接
	移动链接：滑动连接、滚动连接
	转动连接

产品连接与固定结构常按静连接与动连接进行划分，在设计上都要求可靠、稳定、简单、耐用，便于加工制作。依据产品功能特性，对两种连接方式要求也不同。对静连接结构，不可拆固定连接一般对材料的强度、塑性、耐腐蚀性等有一定要求，设计上需考虑固定方式的可靠性；对于可拆固定设计，要考虑连接结构不易松动失效以及拆卸方式方便快捷。对动连接结构，主要考虑材料的耐磨性、移动方式稳定可控等。

（2）连续运动结构设计

运动结构装置是很多工业产品、设备的核心机构和实现设计功能的基础结构装置，多用于设计结构复杂、功能多样的机械产品，通常将实现特定运动的结构装置依据其结构特点称为相应的机构，如齿轮机构、链轮机构、连杆机构等。

齿轮机构是最常用的传动机构，通常由两个齿轮构成一组，依靠轮齿啮合传递转动，具有传动准确可靠、传递功率大、效率高、结构紧凑且使用寿命长的优点。齿轮的应用在我国的历史中也源远流长。据史料记载，公元前400～公元前200年的中国古代就已开始使用齿轮，我国山西出土的青铜齿轮是迄今已发现的最古老齿轮，作为反映古代科学技术成就的指南车就是以齿轮机构为核心的机械装置，见图7-4。在现代，齿轮机构常用于钟表、玩具、汽车、电动工具等，其中通过机械手表可以清晰观察齿轮的运作过程，见图7-5。

图7-4 指南车

图7-5 机械手表

链轮机构由主动轮、从动轮及环绕在链条上的封闭链条组成,见图7-6。传动时,链轮与链条节相啮合,使得主动轮带动从动轮转动。链轮机构具有平均传动比准确,工作可靠,效率高;传递功率大,过载能力强,相同工况下的传动尺寸小;所需张紧力小,作用于轴上的压力小;能在高温、潮湿、多尘、有污染等恶劣环境中工作等优点,常见于自行车、摩托车的传动机构。

(3)密封结构设计

密封结构的作用是形成一个相对封闭的空间,减少外部环境与人为因素的影响,保证产品可靠工作,实现产品设计功能和效率,防止内部气体或液体泄漏等。按密封结构的运动状态,可分为静密封与动密封两种。静密封也称固定密封,它是指被密封的组件间无相对运动的情况,通常静密封通过密封垫片实现,如保温杯盖上的硅胶垫片。动密封也称运动密封,它是指工作状态下被密封组件存在着相对运动的情况,密封填料是实现运动密封的主要手段之一。

静密封结构在产品设计中较为常见,冰箱门、打印机墨盒、易拉罐均为静密封结构。CanReseal为2021年红点最佳设计奖,其在罐口处增加螺纹线,允许将盖子通过螺纹拧入罐中,与单独的罐盖相配合,可在开封后重新实现密封,见图7-7。创新之处在于结合易拉罐与塑料瓶两种密封方式,弥补易拉罐不可再次封装的缺点,减少对塑料的依赖。

图7-6 链轮机构

图7-7 CanReseal

（4）安全结构设计

安全结构指在产品工作、使用中出现特殊或意外情况时，用于保护产品，避免发生人身事故而设计的有关结构、装置等，常见装置如汽车安全气囊、ABS系统及高压锅的热熔安全阀等。安全结构因产品功能不同，需要对可能发生意外的情况进行针对性分析，进而确定相应的设计策略。

安全技术分为提示性安全技术、间接安全技术和直接安全技术三种。

提示性安全技术是指在事故出现前发出警报和信号，提醒注意，以便及时采取措施，避免事故发生，如指示灯、报警器等。在安全设计原理上称为警示。

间接安全技术通过保护装置或保护系统实现产品的安全可靠，如安全阀、安全带及防护罩等。间接安全保护装置按实现保护作用方式分为：①发生危险时发出保护反应动作，使系统安全，如安全阀，原理上称为转换；②以自身的保护能力实现安全保护，如汽车安全带，原理上称为借助；③无须保护反应实现保护功能，如防护罩，原理上称为隔离。

直接安全技术指结构设计中直接满足安全要求或借助工作系统部件、结构保证产品在使用中不出现危险。主要包括三种原理：①安全存在原理，所有构件及其相互关系在规定载荷和工作时间内可承受所有可能事件不发生事故，处于完全安全状态；②有限损坏原理，出现意外情况，次要部件或特定部位受损，保证主体和整机安全；③冗余配置原理，重复设置多个实现功能的装置，当出现事故时，产品仍可继续工作，产品性能不受影响。

7.2 产品部件与生产模具的案例介绍

7.2.1 金属类产品部件与生产模具的案例

大部分金属材料具有良好的工艺性能，如可焊性、可锻性、延展性、铸造性、可切削性等，通过选择合适的成形工艺和表面工艺进行加工，获得外观、形状、尺寸、质量等符合要求的部件，满足生产制造的多元需求。金属的成型工艺可分为铸造、压力加工和切削加工三大类。

（1）榨汁器

由菲利普·斯塔克设计，于1990年生产的极简风格榨汁器（图7-8），采用铸造的方式一体成形，将金属熔液注入铸型，冷却成形，然后打磨抛光，通过电镀、喷涂等方式，制造不同颜色的榨汁器。铸造模具由上半型和下半型组成完整型腔，还包括浇口、冒口、定位销等。

（2）摩卡壶

David Chipperfield设计的摩卡壶，按照前文描述对摩卡壶的结构进行分析，其功能部件为内部中央漏斗和咖啡粉滤层，外观框架为壶体外壳，装配结构有螺纹连接、卡接等方式，见图7-9。摩卡壶采用铸铝材质，中空壶身采用铸造成形，铸造模型除

产品CMF设计

图7-8　榨汁器　　　　图7-9　摩卡壶及内部结构

浇口和冒口外，还使用型芯辅助制造空腔产品。

除壶身外，摩卡壶内部的咖啡粉滤层和漏斗均采用钣金的方式制造，橡胶圈采用模压成型，塑料把手采用注射成型。通过使用不同种类和形状的模具，生产不同效果和形状的部件，常见的加工方式有冲孔、折弯、卷圆、翻孔、凸包、切舌、拉深等，如图7-10所示。

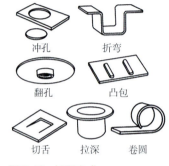

图7-10　加工方式

7.2.2　塑料类产品部件与生产模具的案例

塑料的成型工艺主要包括注射成型（注塑）、挤出成型、压制成型、吹塑成型、吸塑成型、压延成型和浇注成型等。

（1）塑料瓶

常见的塑料瓶采用PET颗粒制作，外观框架同时充当功能部件，盛装液体，装配结构即瓶盖和瓶身的螺纹连接。其生产过程主要有两步，首先采用注射成型制作瓶坯（图7-11），然后采用吹塑成型制作成完整瓶身。塑料颗粒熔化后注入模具，冷却成型后制成瓶坯，使用撑环固定瓶子，加热瓶坯使其软化，通过抽真空和吹高压气体的方式，把瓶坯放大后，冷却成型，制成塑料瓶身。

吹塑成型一般使用金属模具，主要包含型腔、夹坯口、余料槽、排气系统和冷却系统，吹塑模具示例如图7-12所示。瓶盖一般有注射成型和压制成型两种生产方式，压塑盖没有浇注痕迹，更加美观，印刷效果好。

（2）行李箱

常见行李箱的外观框架为行李箱壳体，功能部件包括行李箱壳体、拉杆和轮子等，装配结构主要包括螺钉连接、粘接、卡接、铆接等。其中，行李箱壳体的生产经历了压延成型和吸塑成型两个步骤。在生产行李箱时，先将塑料颗粒制造成塑料片材，剪裁后放入吸塑机，利用行李箱壳体形状的模具，对塑料片材进行塑形，采用吹泡真空成型工艺，将塑料片材加热后吹胀，而后吹真空，以此塑形（图7-13）。

行李箱的拉杆采用挤出成型工艺生产，金属和塑料材料的挤出成型原理和模具大致相同，成型模具上具有所需部件截面形状的模孔，坯料从中挤出并冷却得到长条形部件（图7-14）。

图7-11　塑料瓶瓶坯　　　　　　　　图7-12　吹塑模具示例

 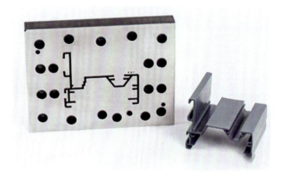

图7-13　行李箱吸塑成型　　　　　　图7-14　挤出成型模具

7.2.3　陶瓷类产品部件与生产模具的案例

陶瓷的成型工艺主要包括注浆成型、压力成型、机压成型，其中注浆成型主要用于生产不规则形态产品，干压成型常用于生产盘碟类产品，机压成型常用于生产杯碗类产品（图7-15和图7-16）。

干压成型是指将粉料装入金属模腔内，通过压头施加压力，压头在模腔内位移传递压力，使模腔内粉体颗粒重排变形而被压实，形成具有一定强度和形状的陶瓷素坯。全陶瓷手机外壳（图7-17）就采用这种方法生产。

图7-15　空心注浆模具

图7-16　实心注浆模具

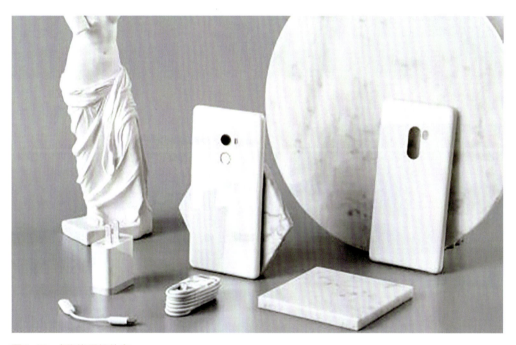

图7-17　全陶瓷手机外壳

7.2.4　玻璃类产品部件与生产模具的案例

玻璃成型是将熔融的玻璃液或玻璃块加工成一定几何形状和尺寸的工艺过程。常见的玻璃成型包括拉制成型、吹制成型、拉制成型和压延成型。

(1) 玻璃管音响

玻璃管音响中的玻璃管兼具美观与实用价值，利用玻璃材料结构特性，发出亮丽宽广的高频音调，在管中增加小灯赋予"蜡烛"意象，更具温情（图7-18）。其玻璃管采用拉制成型，指通过人工或机械施加拉引力将玻璃熔融体制成制品，按拉制方向分为垂直拉制与水平拉制。拉制成型适用于加工尺寸长的玻璃制品，主要用于生产玻璃管、玻璃棒、平板玻璃、玻璃纤维等。

图7-18　玻璃管音响

(2) 玻璃杯

猫爪杯（图7-19）于2019年生产，为双层玻璃设计，内部为猫爪形态，因可爱外表而广受大众喜爱，其成型方式主要为玻璃吹制成型，经两次吹制成型后，用高温烧融杯口处的两层玻璃，使之结合到一起。

广口玻璃杯及盘子（图7-20）多用模压成型，方法是将滴料放入模型，放上模环后将冲头压入，成型过程中玻璃液表层接触腔和模芯，冷却后固定为目标形状。模压成型常用于制造浮雕制品或广口空心的花瓶、餐具玻璃砖等。这类产品要求空腔深度浅、形状简单，易于脱模。

图7-19　猫爪杯　　图7-20　模压成型盘子

(3) 玻璃板

压花玻璃、夹丝玻璃、槽形玻璃、波形玻璃等使用压延成型，玻璃压延成型方法按辊数分为单辊压延法与对辊压延法，目前单辊压延法已被淘汰，主要使用对辊压延法。此外，玻璃压延方法还包括连续压延、夹丝压延。

7.2.5　无模具成型的案例

(1) 激光切割技术

如图7-21所示的3D立体拼装模型采用了激光切割工艺。激光切割是指利用经聚焦的高功率密度激光束照射工件，使被照射的材料迅速熔化、气化、烧蚀或达到燃点，同时借助与光束同轴的高速气流吹除熔融物质，从而实现将工件割开。激光切割可分为激光气化切割、激光熔化切割、激光氧气切割和激光划片与控制断裂四类，具有切割质量好、效率高、速度快、切割材料的种类多等优点。

大多数激光切割机都由数控程序进行控制操作或制成切割机器人。激光切割作为一种精密的加工方法，几乎可以切割所有的材料，包括薄金属板的二维切割或三维切割。激光切割技术广泛应用于金属和非金属材料的加工中,可大大减少加工时间,降低加工成本,提高工件质量。脉冲激光适用于金属材料,连续激光适用于非金属材料,后者是激光切割技术的重要应用领域。

作为目前智能化程度最高的产业之一,汽车制造已整合了多种生产工艺,而激光作为最重要的技术之一,已经实现了高达70%的配件智能生产。在航空航天领域,激光切割技术主要用于特种航空材料的切割,如钛合金、铝合金、镍合金、铬合金、不锈钢、塑料、陶瓷及石英等。用激光切割加工的航空航天零部件有发动机火焰筒、钛合金薄壁机匣、飞机框架、钛合金蒙皮、机翼长桁、尾翼壁板、直升机主旋翼、航天飞机陶瓷隔热瓦等。

激光切割成形技术在非金属材料领域也有着较为广泛的应用。不仅可以切割硬度高、脆性大的材料(如氮化硅、陶瓷、石英等),而且能切割加工柔性材料(如布料、纸张、塑料板、橡胶等)。

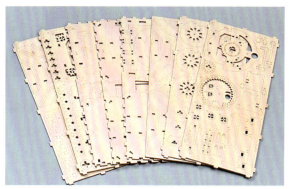 

图 7-21　3D立体拼装模型

(2) CNC加工技术

CNC全称 "computer numerical control",即计算机数字控制技术。CNC加工技术是一种利用数字信息技术控制机床运动,将毛坯料加工成半成品零件的方法,其加工零件及加工车间见图 7-22。

CNC加工系统包括车削、铣削类数控系统,磨削数控系统以及面向特种加工数控系统,可加工种类多。常用于航空航天领域中,制作引擎中的涡轮叶片;汽车和机器制造领域中,铸造部件(例如发动机座)或加工高容差部件(例如活塞);军工行业中,制造高精度组件,包括导弹组件、枪筒等;医疗领域中,制造配合人体器官形状的植入装置等。

(3) 3D打印技术

前文提及的激光切割成形技术及CNC加工技术均属于"减材成型制造",即运用技术将原材料多余部分,按预期规划有序去除的制造方式。而增材制造方式则是材料累积的过程,通过添加材料直接从三维数学模型获得三维物理模型的所有制造技术的总称,集机械工程、CAD、逆向工程技术、分层制造技术、数控技术、材料科学、电子束、激光等技术于一身，可以自动、直接、快速、精确地将设计思想转变为具有一定功能的原型或直接制造零件，从而为零件原型制作、新设计思想的校验等方面提供了一种高效、低成本的实现手段。学术界称为"增材制造"，大众和传媒界称为"3D打印"，3D打印产品见图7-23。

图7-22　CNC加工零件及CNC加工车间

图7-23　3D打印产品

3D打印技术按物料形态及成型原理可分为三大类：挤出熔融成型、颗粒物料成型及光聚合成型（表7-2）。这项技术应用广泛，在教育、医疗、服饰、广告、建筑、工业制造、原型开发、模具、文物修复等众多行业中均有应用。

表7-2　3D打印技术分类

挤出熔融成型	熔融层积（FDM）
颗粒物料成型	直接金属激光烧结（DMLS）、电子束熔融（EBM）、选择性激光烧结（SLS）、选择性热烧结（SHS）、选择性激光熔化成型（SLM）
光聚合成型	光固化成型（SLA）、数字光处理（DLP）、聚合物喷射（PJ）
其他	石膏3D打印（PP）、分层实体制（LOM）、三维打印（3DP）、电子束自由成型制造技术（EBF）、激光净成型技术（LENS）等

7.3 产品组装与连接

产品组装离不开连接方式和结构设计。连接构造按照部件结构的活动性可分为静连接和动连接两种。被连接件在工作时不能也不允许产生相对运动的连接被称为静连接，被连接件之间有相对运动的连接被称为动连接。

7.3.1 静连接结构

静连接按照拆卸可能性可分为可拆卸结构和固定结构两类，可拆卸结构主要有插接、凹凸、可拆型卡扣、螺旋四种连接结构，固定结构主要包括铆接、焊接、粘接和永久型卡扣四种连接方式。

（1）可拆卸结构

可拆卸结构是指可以不损坏任何部件实现多次重复拆卸的连接结构。从产品的生命周期看，可拆卸结构易于拆卸、分类和组装，方便物流运输；零部件损坏易于更换，延长产品寿命；产品报废后，便于分类回收，节省资源和成本，减少有害材料对环境的污染。

①插接结构。插接是指在需要连接的零部件对应位置进行开槽或切口，使用相配合结构进行连接安装的结构。插接结构是产品中连接可拆式零部件的常用结构，常用于钣金类和注塑类产品的结构设计之中，特别适用于模块化设计。常见的使用插接结构的产品有立体拼图、皮带扣、插座等。

如图7-24所示是电饭煲设计作品，巧妙地利用插接结构，使饭勺便于收纳的同时可以充当电饭煲的把手，一举两得。如图7-25所示是六片式的插接灯罩，可以拆解为一叠运输，减少物流成本，用户购入后可以自行安装，操作简单。

图7-24 电饭煲设计作品　　图7-25 六片式的插接灯罩

②凹凸结构。产品设计中的凹凸结构是一种基于三向度连接的结构，分为平面凹凸结构和立体凹凸结构。平面凹凸结构是一种基于平面相匹配的正负图形，通过纵向拉伸，实现契合的结构，如常见的平面拼图、洞洞板等。国外某设计师设计了一款无须扣环的表带，采用菱形凹凸颗粒的契合来实现表带的固定，满足用户自由调节的需求，如图7-26所示。

图7-26 表带设计

立体凹凸结构是指在立体空间内，正负形态相契合的结构。日本某工作室设计的筷子，利用立体结构设计巧妙地将两根筷子合二为一，方便收纳，见图7-27。

的一种连接方式。凸出部分叫榫（或叫榫头）；凹进部分叫卯（或叫榫眼、榫槽）。其特点是不使用钉子，仅使用木构件加固物件。

几十种不同的"榫卯"，按构合作用来归类，大致可分为三大类型。

面与面、面与边、边与边的连接：一般应用于平面板材，如槽口榫、企口榫、燕尾榫、穿带榫等（图7-28）。

点结构的连接：适用于直线和弧之间的连接，一般用于横竖材丁字结合、成角结合、交叉结合以及直材和弧形材的伸延接合，如格肩榫、双榫、勾挂榫、锲钉榫、半榫等（图7-29）。

三个及以上构件组合的连接：主要应用于转角部位，结构复杂且牢固，常见的有托角榫、长短榫、抱肩榫、棕角榫等，如图7-30所示。

图7-27　筷子设计

榫卯结构是凹凸结构的典型代表，是中国传统建筑、家具及其他木制器械使用的主要结构，是各个构件上采用凹凸结合

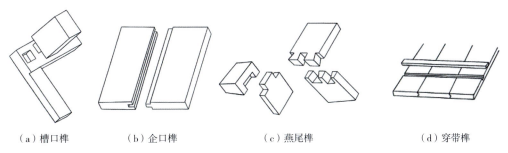

（a）槽口榫　　　（b）企口榫　　　（c）燕尾榫　　　（d）穿带榫

图7-28　面与边类榫卯结构

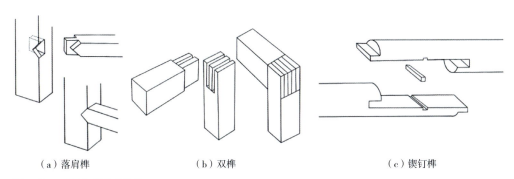

（a）落肩榫　　　（b）双榫　　　（c）锲钉榫

图7-29　点结构类榫卯结构

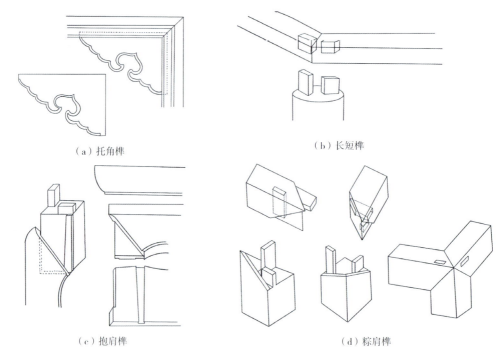

(a) 托角榫　　(b) 长短榫　　(c) 抱肩榫　　(d) 棕肩榫

图7-30　多构件类榫卯结构

③可拆型卡扣结构。卡扣结构是指一个零件的凸出结构嵌入另一零件的凹槽结构形成整体闭锁的机构，通常用于塑料件的连接，借助材料本身的弹性实现连接，安装简单、拆卸方便，经济实用，在产品设计中广泛应用。

按照形状分类，卡扣结构可以分为环形卡扣结构和单边卡扣结构，常见的环形卡扣结构有笔帽、一次性餐盒等的连接结构，常见的单边卡扣结构有计算器的电池盖、普通电动削笔刀的排屑槽等的连接结构。

按照功能分类，卡扣结构可以分为可拆卸型和永久型卡扣结构，其差别在于导入角和导出角的设计，角度的大小直接影响到安装和拆卸的方式和力度。可拆卸型卡扣的钩形凸出部分有适当的导入角和导出角设计，便于反复使用（图7-31）。

④螺旋结构。螺旋结构包含两种形式：一种是螺纹旋转的开启方式，生活中常见的塑料水瓶、玻璃罐等均采用这种形式密封；另一种是一般工业产品生产中用于零件紧固的螺纹连接，常见的螺纹连接件有螺柱、螺栓、螺钉和螺母等。为了防止松动，一般会为螺母配合使用垫圈或使用有一定改进设计的螺母，增加防脱自锁结构，简单有效。

防儿童打开的瓶盖设计（图7-32），在普通瓶盖的螺旋结构上增加了一个凹凸结构，这种压旋盖由两层瓶盖构成，使用时需要先按压使凹凸结构相合，再旋转打开，有效地防止了孩子误食药物的现象。

管箍可视为螺纹连接中一种特殊的方式，用于要求拆装方便的管道连接场合，多用于软管的连接，如热水器水管、煤气罐、排水管等。管箍的主要结构为可调节金属环和螺纹连接件（图7-33）。

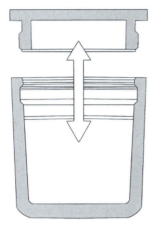
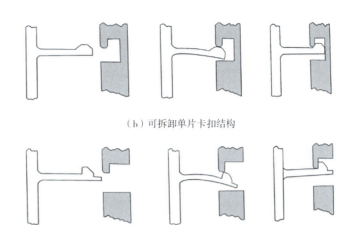

(a) 可拆卸环形卡扣结构　　　　　　(b) 可拆卸单片卡扣结构

　　　　　　　　　　　　　　　　　　(c) 需要外力的可拆卸单片卡扣结构

图7-31　可拆卸卡扣结构

图7-32　防儿童打开的瓶盖设计　　　图7-33　多尺寸管箍

　　一般工业产品会采用多种连接结合的方式进行结构设计，如图7-34所示的无线充电器底座的结构设计，采用螺旋结构、凹凸结构和卡扣结构结合的方式，上下相合的凹槽方便定位和初步安装，螺纹连接保证连接紧固，防止脱落。

（2）固定结构

　　固定结构是指只有损坏部件才能实现拆卸的连接结构，一般要求达到一定的连接强度，具有可靠性和稳定性，简单耐用。

　　①铆接。铆接是通过铆钉将两个或两个以上的打孔构件连接在一起的静连接方式，适用于金属及非金属件连接，一般应用于板材或型材。特点是工艺简单、成本低、抗震、耐冲击、可靠性高，但铆钉孔会削弱原构件截面强度，操作的劳动强度大、生产效率低。常见的铆钉分为空心铆钉和实心铆钉两种（图7-35）。铆钉一般在家具、工业器械、飞机机身的连接等方面使用（图7-36）。

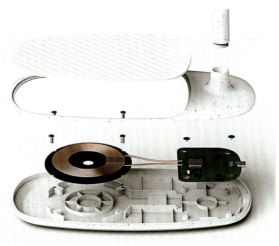

图7-34　无线充电器底座的结构设计

图7-35　铆钉示意

图7-36　铆钉使用示意

②焊接。焊接是常用于金属件固定连接的一种方式，主要分为熔焊、压焊和钎焊三类。焊接部位的强度常常超过构件本身的强度，但造型能力差、加工精度低，且焊接会产生一定的内应力，容易变形，常应用于金属板件和管材的连接，如汽车车门、自行车的支架等。

③粘接。粘接是现代产品生产中运用得最广泛的不可拆卸的连接方式。其适用于不同材质部件的连接，复杂构件的连接，或焊接易变形的构件。由于粘接具有密闭性能良好、产品表面平整、不需要辅助件等特性，可以保证产品的外观质量。且产品工艺过程容易实现自动化，故成本较低。但是粘接在耐高温、耐老化、耐酸、耐碱、耐撞击等方面性能较差，具有一定毒性，儿童产品要慎用。常见的粘接案例有灯罩、行李箱内部布袋、竹垫等（图7-37）。

在产品设计时，需要注意设计合理的粘接接口，要尽可能承受拉力和剪力；尽量增大粘接面积，提高承载能力；接头形式要平整、美观以便于加工。粘接的接口形式如图7-38所示。

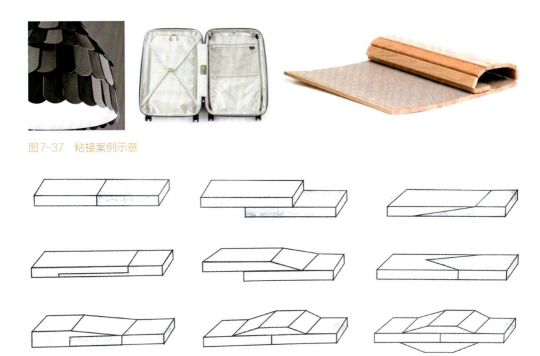

图7-37 粘接案例示意

图7-38 粘接的接口形式

④永久型卡扣。不同于可拆卸型卡扣结构同时拥有导入角和导出角,永久型卡扣结构只有导入角,没有便于拆卸的导出角设计,安装完成后形成自锁结构,非特殊手段不可拆卸(图7-39)。

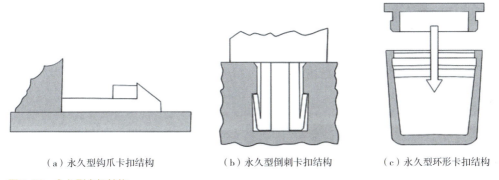

(a)永久型钩爪卡扣结构　　(b)永久型倒刺卡扣结构　　(c)永久型环形卡扣结构

图7-39 永久型卡扣结构

7.3.2 动连接结构

动连接指构件间有相对运动的连接方式,分为柔性连接、移动连接和转动连接三类。

(1) 柔性连接

柔性连接包括弹簧连接、软轴连接和其他柔性连接。柔性连接允许连接构件发生一定程度内的形变,以实现相对灵活的运动路径和范围。

①弹簧连接。弹簧连接是采用弹簧元件对部件进行连接的一种方式,广泛运用于日常产品中。弹簧元件按形状可分为螺旋弹簧、碟形弹簧、涡卷弹簧、板弹簧、扭杆弹簧等,按主要受力性质可分为拉簧、压簧、扭转弹簧和弯曲弹簧四类,常见于汽车减震装置、自行车脚撑等交通工具以及电池盒、按压笔、钟表结构、按压开关、儿童玩具、夹子等生活用品中。

②软轴连接。软轴连接指通过可自由弯曲、实现远距离传送的轴,能够实现灵活旋转运动,传递一定的扭矩,如固定电话线、花洒水管、医用牙钻等。将软轴巧妙运用于产品设计中,如图7-40所示为软轴连接产品示意,在实现产品功能的同时增加趣味性,且使用方式更加灵活。

③其他柔性连接。除弹簧连接和软轴连接之外,还有一些特殊的柔性连接,如橡胶、硅胶、布、纸等柔性材料制作的部件,如图7-41所示为硅胶水壶、布制婴儿车顶棚、纸质灯罩等的结构设计,巧妙采用柔性材料具有多种塑形方式、可以随意弯曲折叠的特征,作为连接部件的同时辅助部分产品功能的实现,节省空间且使用方便。

(2) 移动连接

移动连接包括滑动结构和滚动结构两种,指构件按相对固定的轨迹运动,运动轨迹为空间内的直线或曲线,以平面直线居多。

①滑动结构。滑动结构的接触面较大,一般为面和面接触,与滚动连接相比,滑动的摩擦系数较大,多次使用摩擦损耗较大,影响使用寿命,常见使用滑动连接的产品有滑盖手机、行李箱拉杆、收音机天线等。在产品设计中,滑动结构可以作为使用体验创新的设计点,如台灯采用滑动结构作为调节灯光照明范围方式,行李箱采用滑动的方式扩展容量,桌面音箱的滑动开关设计等,见图7-42。

②滚动结构。与滑动结构相比,滚动结构受到的摩擦阻力小,可以有效降低磨损程度,延长使用寿命,适用于多次反复、

图7-40 软轴连接产品示意

图7-41 其他柔性连接产品示意

高速的部件运动，但由于加入滚轮等结构使得连接结构整体体积、占用空间比滑动结构大。常见的滚动结构有窗帘滑轨、抽屉等（图7-43）。

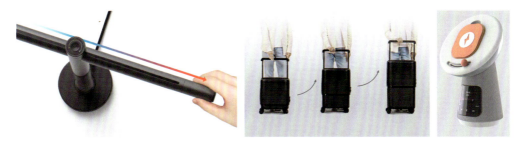

图7-42　滑动结构产品示意

图7-43　滚动结构产品示意

（3）转动连接

转动连接指部件沿某固定轴进行旋转运动的连接方式，最常见的转动连接方式为铰链连接，如门窗连接的合页、旋转盒盖的连接结构等。如图7-44所示为转动连接在产品设计中的应用案例，分别是转动开启的抽屉、具有旋转齿轮和表针的机械手表、可调节高度和角度的台灯、可转动折叠的便携衣架。合理利用转动结构，提高产品的易用性和可操作性，探索结构设计的多种可能性。

图7-44　转动连接在产品设计中的应用案例

7.3.3 其他连接结构——缝合连接

缝合连接由服装设计借鉴而来，指用线型材料缝合固定部件，如图7-45所示的凳子，由麻绳与皮革固定冲压打孔后的胶合板而成，具有美观性，但耐用度低。经改良后还可以用铁丝连接固定，但是加工成本较高，拆卸较难。由此可见，产品设计中连接方式较为灵活，在设计产品时可将连接方式作为创新点，从其他领域中汲取灵感。

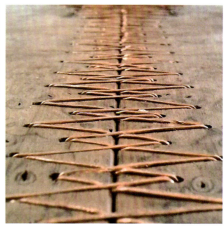

图7-45 缝合连接示意

课内讨论题

1. 请选择你身边的一款产品，判断它的成型方式。
2. 设计一款台灯，以手绘的方式呈现，并至少包含两种连接方式。

第 8 章
认识表面工艺

8.1 初步认识表面工艺

8.2 减法属性的物理工艺

8.3 加法属性的物理工艺

8.4 重组属性的物理工艺

8.5 神奇的化学表面处理

8.6 高效的电化学表面处理

CHAPTER

导　　言：表面工艺也叫作表面处理工艺，通常需要经过多个步骤和多个表面工艺的处理才能在产品表面达到设计师预期的视觉效果与功能，甚至还涉及长期使用中产品表面特性的维持。

本章重点：明确表面处理工艺在产品形成阶段的各种作用，既是本章的重点，也是本章知识点的基础。认识不同类型的表面处理工艺的原理与属性，在课后能够在每类表面处理工艺中，列举出3种以上。

教学目标：通过本章的学习，学生能够建立对产品表面处理工艺的认识与理解，再结合案例加深理解表面处理工艺的作用。

课前准备：不同类型表面处理工艺的产品案例图片，以及各种表面处理工艺流程的短视频（每种工艺30~120s为宜）。

教学硬件：多媒体教室

学时安排：本章建议安排2~4个课时。

本章内容导览如图8-1所示。

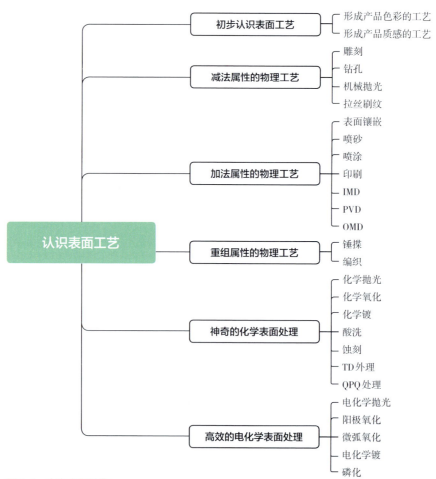

图8-1　本章内容导览

8.1 初步认识表面工艺

表面处理工艺是产品实现外观效果最主要的表达方式，虽然表面处理不能改变产品的整体性能，但可以满足产品的耐腐蚀性、耐磨性、装饰性或其他特种功能要求。通过表面处理可以提升产品外观、质感、功能等多个方面的性能。它的特点是着色，获得不同的肌理，防止表面老化、耐腐蚀，增强表面硬度、抗指纹、抗划伤等。

表面处理工艺是人类在原始时期就掌握的一种技术。原始人类为了生存，他们制造石器，并对其打磨抛光形成具有锋利刃口的工具。到了新石器时代，原始人类使用的石器通体经过研磨，表面细腻光滑，注重装饰效果。陶器的发明使原始彩涂技术发展到顶峰，形成历史上有名的彩陶艺术，揭开了表面处理涂装技术的序幕。史前时代的原始研磨技术和原始彩涂技术是表面处理技术的最早起源。随着生产力的发展，表面处理技术也日益进步，到了殷商时期，已出现了专门的作坊和专业的工匠，并成功地将石器和陶器的装饰技术移用于青铜器的制造之上。公元前2000～公元前1500年，埃及人和印度人开始尝试通过表面硬化强化铁器。大约公元前120年，中国就开始使用钢的淬火技术，将豆类谷物作为渗碳的材料，进行钢的碳氮共渗。18世纪初，涂料用作保护性和装饰性的涂层。1789年电镀工艺被发明，之后逐渐出现先进的电刷镀和化学镀。20世纪中叶以后，随着技术的发展，出现了各种PVD、CVD、激光表面处理等表面处理技术。

表面处理工艺内容十分广泛，目前并没有统一的分类方法。按表面层的使用目的可分为表面强化、表面改性、表面装饰和表面功能强化。也可以根据处理方式的属性分为物理工艺、化学工艺、电化学工艺，或以上几种工艺的组合。

8.1.1 形成产品色彩的工艺

色彩能使设计有更多的视觉乐趣和美感，给人很强的视觉冲击。产品设计中色彩的运用除了需要考虑品牌的统一性之外，还需要达到信息传递、交互反馈等目的。产品表面着色有很多种办法，如塑料着色，直接在塑料原料中加入一定比例的色素颗粒即可。

有机材料的表面改色，可以通过漂染工艺，如棉布使用还原性染料或活性染料进行着色处理，而羊毛则常用酸性染料进行着色，金属、塑料、木材等则可以使用喷漆、水转印等工艺进行着色处理，其本质是材料表面覆以带颜色的涂层。产品表面色彩工艺类别见表8-1。

表8-1 产品表面色彩工艺类别

分类	种类
物理性质	喷涂、彩绘、印刷、覆贴、IMD、OMD、PVD等
化学性质	化学着色、阳极氧化着色、镀覆着色、珐琅着色、热处理着色、电镀着色等

8.1.2 形成产品质感的工艺

质感在产品造型设计中具有重要的地位和作用，良好的质感可以决定和提升产品的真实性及价值性，使人充分体会产品的整体美学效果。在产品使用过程中，一些表面质感可以提高产品的适用性，例如一些产品手柄部位表面有凹凸细纹，使其具有防滑的功能。肌理、光泽配置使产品外观具有强烈的材质美感，良好的质感可以替代或弥补自然质感的不足。

由于产品基材的因素，产品外部质感加工工艺存在一定的差异性（表8-2）。例如，对于金属磨砂质感，可采用二氧化硅颗粒或金刚砂粒，喷砂机直接表面喷砂处理，或采用化学蚀刻法在金属表面制作出类似砂面效果却层次感更强的外观件。对于塑料磨砂质感，则通过对模具进行磨砂处理，使塑料在注射成型之后拥有磨砂质感的表面。

表8-2 产品表面质感工艺类别

分类	种类
物理性质	物理抛光、喷砂、拉丝、锻打、雕刻、镶嵌、研磨等
化学性质	化学抛光、蚀刻、微弧氧化、锚雕、激光咬花等

8.2 减法属性的物理工艺

8.2.1 雕刻

雕刻是指把木材、石头或其他材料切割成预期形状的表面处理工艺。常用的传统工具有刀、凿子、圆凿、圆锥、扁斧和锤子。雕刻分为人工雕刻和计算机雕刻两种。人工雕刻是指利用娴熟刀法的深浅和转折配合，更能表现质感，使所绘图案给人呼之欲出的感受。计算机雕刻又称数控雕刻，是高质量且可重复的精确工艺。数控雕刻的普及逐渐取代了传统手工凿雕刻。

数控雕刻系统集扫描、编辑、排版、雕刻诸功能于一体，能方便快捷地在各种材料上雕刻出逼真、精致的二维图形、文字及三维立体浮雕。雕刻工艺主要体现在消减意义上的雕与刻，由外到内，一步步通过减去废料，循序渐进地将形体挖掘并显现出来。几乎所有材料都可以进行表面雕刻处理，例如塑料、泡沫、木、金属、石材、玻璃、陶瓷等。

手工雕刻与数控雕刻的优缺点见表8-3，其产品如图8-2所示。

表8-3 手工雕刻与数控雕刻的优缺点

优缺点	手工雕刻	数控雕刻
优点	更为生动、有意境、线条起伏舒展、凹凸动感	①精确度高 ②工期相对较短
缺点	①生产效率低 ②可重复性较差 ③加工成本偏高	①控制工作相对复杂 ②操作成本高

（a）手工雕刻工艺品《龙凤呈祥》　　（b）数控雕刻产品

图8-2　手工雕刻和数控雕刻产品

8.2.2　钻孔

钻孔是指用钻头在实体材料上加工出孔的操作，通常指用尖锐的旋转工具在坚硬的物体上钻穿。钻孔工艺被广泛应用于机械制造中，特别是对于冷却装置、发电设备的管板和蒸汽发生器等零件孔的加工等，应用面尤为广泛。

基材钻孔的基本流程为：准确划线→检验方格或检验圆→打样冲眼→装夹→试钻→钻孔。钻孔主要用于加工质量要求不高的孔，例如螺栓孔、螺纹底孔、油孔等，适用于金属、塑料、木材等几乎所有的材料。钻孔工艺的优缺点见表8-4。

表8-4　钻孔工艺的优缺点

优点	加工方式简单、便于操作
缺点	①切削量大，排屑困难 ②摩擦严重，需要较大的钻削力 ③热量多且传热、散热困难，转速及温度较高，易磨损 ④易产生孔壁的冷作硬化，给后续工序造成困难，加工精度低

8.2.3　机械抛光

机械抛光是指利用抛光工具和磨料颗粒或其他抛光介质对工件表面进行的修饰加工以得到光亮、平整表面的表面处理方法。一般使用油石条、羊毛轮、砂纸、抛光液等，以手工操作为主。表面质量要求高的产品可采用超精研抛的方法，超精研抛采用特制的磨具，在含磨料的研磨液中紧密贴合工件表面，做高速旋转运动。除了机械抛光外，还有电子抛光、化学抛光，若是精确的光学系统或精确的机械设备，机械抛光是唯一选择。

抛光分六个步骤：局部研磨→整体研磨→粗抛→细抛→清洁→检验。粗抛主要适用于要求较低的产品表面，将磨料和产品放在罐状滚筒中，使产品与磨料在筒内随机滚动，以达到减小表面粗糙度的目的。细抛则按照需求，选择不同级别的材料进行抛光，如不同号数的砂纸、煤油、抛光卷等。几乎所有的金属和陶瓷都适合用工具和机器抛光，玻璃、皮革、塑料、宝石、玉器等都可以通过机械抛光获得光滑、平整的表面。

机械抛光工艺的优缺点见表8-5。

表8-5 机械抛光工艺的优缺点

优点	①手动抛光的设备和工具费用低 ②机器自动抛光生产效率高
缺点	①机械抛光很难对形状复杂或者表面有特殊图案、花纹的工件进行抛光 ②对工人的技术水平要求高，工件质量的一致性和稳定性很难控制 ③手动抛光生产效率低，机器自动抛光费用较高 ④机械加工不可避免地在工件表面留下肉眼难以看到的微裂纹以及残余应力，可能影响工件的质量和使用寿命

8.2.4 拉丝刷纹

金属拉丝是通过研磨产品在工件表面形成线纹，起到装饰效果的一种表面处理手段。拉丝工艺是在做好的金属表面，实施纹路加工，改变原有的机械纹或者表面的不足，做出有规律且相对均匀的新纹路。表面拉丝工艺主要包括：直纹、螺纹、波纹、乱纹、旋纹等。

拉丝工艺主要流程为：脱脂→沙磨机→水洗三个部分。根据纹路不同，可分为直纹拉丝、乱纹拉丝、波纹拉丝和旋纹拉丝。按拉丝加工方式来分类，主要有手工拉丝和机械拉丝两种方式。

随着行业的不断发展及表面装饰技术的不断提升，仿金属拉丝的工艺目前也非常多，其主要目的是模拟金属及细腻纹理的质感。塑胶件实现类似金属拉丝效果的工艺方法主要有：注射成型法、水镀拉丝法、烫金转移法。木材可通过不锈钢刷、手工技磨或拉花机器表面拉纹来使其表面产生纹理、沟槽的效果。拉丝工艺以金属制品应用为主，同样也适用于塑胶和玻璃等制品。

拉丝刷纹工艺的优缺点见表8-6。拉丝纹理样板和拉丝纹理在产品上的应用如图8-3所示。

表8-6 拉丝刷纹工艺的优缺点

优点	①使产品具有防锈、抗氧化、抗刮损、抗化学试剂及抗烟熏等特性 ②可以掩盖生产中的机械纹、合模缺陷 ③表面无油漆和任何化工物质，不燃烧，不产生有毒气体，环保
缺点	①加工耗时长 ②拉丝工艺效果受到材质、尺寸大小等因素的制约 ③金属拉丝工艺价格昂贵

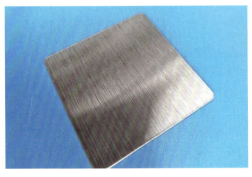 

图8-3 拉丝纹理样板和拉丝纹理在产品上的应用

8.3 加法属性的物理工艺

8.3.1 表面镶嵌

镶嵌是物体表面肌理工艺的一种,在基体表面刻划出阴纹,嵌入金银丝或金银片等质地较软的金属材料、天然宝石等,使基体呈现华美的装饰效果,十分具有观赏性。中国的镶嵌艺术具有悠久的历史和独特的风格,大多出现于工艺品上,如殷商时代的铜器曾有错金和错金嵌玉的装饰纹样出现。

由于基材和镶嵌材料的不同,相应的工艺流程也存在一定的区别。但主要流程基本为:基体预留凹纹、剔刻修正、镶嵌、精细抛光打磨。镶嵌材料可以分为非金属和金属两类,非金属镶嵌材料有绿松石、琉璃、玛瑙等,金属镶嵌材料有红铜、金、银等。

铜、铝、钢、硬质异种塑件、陶瓷、玻璃和塑料等都可作为嵌件材料,主要用于基材的装饰,在珠宝、家具等行业广泛使用(图8-4)。

图8-4 螺钿镶嵌工艺品和绿松石镶嵌的饰品

8.3.2 喷砂

喷砂工艺指利用压缩气体,以高速气压的方式喷出喷料到工件的表面上,在喷料对工件表面的冲击和切削的作用下,让表面获得一定的清洁度,同时提高了工件的抗疲劳度。喷砂处理会让表面形成一定的粗糙度,增加了它与涂层之间的附着力,延长了涂膜的耐久性,也有利于涂料的平整和装饰。常用喷料有铜矿砂、石英砂、金刚砂、铁砂、海南砂等。

喷砂工艺流程主要为:前处理→喷砂→防锈。喷砂工艺前处理阶段是指对于工件在被喷涂、喷镀保护层之前,工件表面均应进行的处理。接着将喷料高速喷射到需处理工件的表面,使工件外表面的外表发生变化。

喷砂适用于处理金属、塑胶、玻璃、木制品、布料、玉等材料的产品。主要范围:工件涂镀、工件粘接前处理,铸锻件毛面、热处理后工件的清理与抛光,机加工件毛刺清理与表面美化,改善零件的力学性能,光饰作用,消除应力及表面强化。

喷砂工艺的优缺点见表8-7。金色喷砂处理效果和玻璃喷砂处理效果如图8-5所示。

表8-7 喷砂工艺的优缺点

优点	①能彻底清除金属表面的氧化皮、锈蚀、旧漆膜、油污及其他杂质 ②使基材表面获得一定的粗糙度,以得到粗糙度均匀的表面 ③不排放有毒废水,不会产生对环境的污染 ④设备的安装简单方便,可以在不同粗糙度之间任意选择
缺点	干喷砂会造成大量粉尘,污染环境,严重危害操作人员的健康

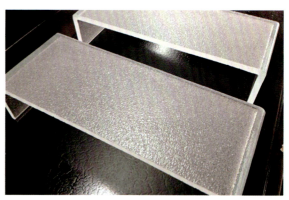

图8-5 金色喷砂处理效果和玻璃喷砂处理效果

8.3.3 喷涂

喷涂是指将涂料通过喷枪或碟式雾化器,借助于压力或离心力,施涂于被涂物表面的涂装方法。喷涂一般包括喷油、喷粉等，喷涂方式可分为空气喷涂、无空气喷涂、静电喷涂等。喷涂是最常见的表面处理之一，适用于金属、塑料、玻璃等基材表面的防护性、装饰性等处理。

喷涂主要分为三个步骤：工件表面预处理→喷涂→涂层后处理。工件预处理的目的是净化和粗化表面，使涂层与基体材料很好地结合；喷涂方式的选择主要取决于选用的喷涂材料；涂层后处理主要是封孔处理。大部分塑料喷涂一般有两道油漆，表面呈现的颜色称为面漆，表面的透明涂层称为保护漆。

喷涂工艺适用于金属、合金、陶瓷、高分子材料等。应用范围有五金、家私、军工、船舶等领域，是现今应用最普遍的一种涂装方式。

喷涂工艺的优缺点见表8-8。全自动喷涂车间如图8-6所示。

表8-8 喷涂工艺的优缺点

优点	①生产效率高，短时就能大面积上料 ②处理后的基体表面光滑细腻 ③适合手工作业及工业自动化生产
缺点	①高度分散的漆雾和挥发出来的溶剂，污染环境，危害工人身体健康 ②涂料浪费，造成经济损失

图8-6 全自动喷涂车间

8.3.4 印刷

常见的印刷工艺有丝网印刷、压印（起凸、压凹、压纹）、热移印（烫金、烫银）。丝网印刷是指利用丝网镂孔版和印料，经刮印得到图形的方法；压印是印刷品表面装饰中一种特殊的加工技术，使凹凸模具在压力作用下，使印刷品基材发生塑性变形；热移印是指利用热压转移的原理，将电化铝中的铝层转印到承印物表面形成金属效果。

丝网印刷是利用丝网印版图文部分网孔透墨，非网孔部分部不透墨的基本原理进行印刷的。主要流程为：丝网印刷文件输出→菲林胶片制作→网板制作→调色印刷→油墨固化。压印则直接采用印刷机的压力进行操作，工艺流程一般为：印刷底图→制凹版→翻制凸版→装版→压凸纹。

热移印刷原理是用特殊的转移印刷纸或转移印刷薄膜先印上图案,然后转移印刷到承印物上,工艺过程主要为转印膜印和转印加工两部分。

丝网印刷应用的范围非常广泛,除水和空气以外任何一种物体都可以作为承印物。压印一般用在纸张、织品、皮质类等礼品包装上。热转印多用于陶瓷贴花印刷、纺织品印刷、商品标签印刷等。

不同印刷工艺的优缺点见表8-9。不同印刷工艺操作方式示意如图8-7所示。

表8-9 不同印刷工艺的优缺点

优点	丝网印刷	①工序简单,生产效率高 ②不受承印物的质地限制 ③成本低,适合大批量生产
	压印	成品图案清晰,表面光洁平整、美观、耐磨,颜色和花纹种类繁多
	热移印	①可对每件产品进行不同定制 ②能够以无限的选项生成高质量和复杂的图形
缺点	丝网印刷	①适合单色印刷 ②套印精度低、难度大、层次不细腻
	压印	①模板制作困难、寿命有限 ②对准复杂,模板图形转移过程中的误差大
	热移印	转印出来的图案非常薄,且不透气、不黏、不裂、耐洗不易脱落

(a)丝网印刷

(b)压印

(c)热移印

图8-7 不同印刷工艺操作方式示意

8.3.5 IMD

IMD模内装饰技术,亦称免涂装技术,是能够在注塑模具内完成装饰过程的工艺,也是结合产品设计、模具技术与传统后加工技术于一体的工艺形式,应用极为广泛。

其原理是把已印刷好图案的膜片放入金属模具内,将成型用的树脂注入金属模内与膜片接合,印刷膜片与树脂形成一体的成形方法。IMD工艺适用于塑胶材料,已广泛应用于汽车、家电、消费电子、医疗电子等领域。

IMD工艺的优缺点见表8-10。IMD膜内装饰工艺生产的产品如图8-8所示。

表8-10 IMD工艺的优缺点

优点	①耐划伤、抗腐蚀性强、使用寿命长 ②立体感好 ③防尘、防潮、抗变形能力强 ④颜色任意更改、图案随意变更
缺点	①前期周期长 ②易产生胶片脱落、扭曲变形等情况 ③产品不良率高

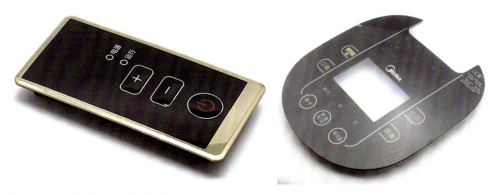

图8-8 IMD膜内装饰工艺生产的产品

8.3.6 PVD

PVD即物理气相淀积,是指利用物理过程沉积薄膜的表面处理工艺。在真空或低压气体放电条件下,即在低温等离子体环境中,涂层物质经过"蒸发或溅射"后,在零件表面生成新的固体物质涂层。PVD技术制备的薄膜具有高硬度、低摩擦系数、耐磨性好和化学稳定性好等优点,常用于改善基材外观装饰性能和色泽,以及提高基材表面硬度、耐磨性。

PVD技术主要有四个工艺步骤:清洗工件→镀料的气化→镀料离子的迁移→镀料原子、分子或离子在基体上沉积。PVD镀膜方式主要有真空蒸发镀膜、真空溅射镀膜、真空离子镀膜,目前真空溅射镀膜和真空蒸发镀膜是最主流的两种。

PVD镀膜技术的应用主要分为两大类:装饰镀和工具镀。一是改善工件的外观装饰性和色泽,同时提高工件耐磨性、耐腐蚀性,延长使用寿命。二是提高工件表面硬度和耐磨性,降低表面的摩擦系数。

PVD工艺的优缺点见表8-11。

表8-11 PVD工艺的优缺点

优点	①处理后的基体的耐磨性、耐腐蚀性大幅度提高 ②颜色多样，光泽度高 ③环保健康，基本无有害物质产生
缺点	①技术的实施需要特定的工作环境 ②需要冷却系统来散发大量热负荷

8.3.7 OMD

OMD即模外装饰工艺，是IMD延伸的一种外观装饰工艺，结合了印刷、纹理结构、金属化的特性。可以完成立体且高度较大的3D曲面产品形态，外观可实现模仿金属拉丝、木纹、皮革等效果。

基本工艺流程为：材料准备→材料置入成型机台→加热及真空成型→成品去除、裁剪→成型取出及裁边。OMD设备工艺原理是利用真空与大气压，将带有黏着层的膜材加热后披覆于产品表面，使其紧密贴合。

OMD适用于塑胶材料，可以实现各种金属、仿真材料、透光、肤感等装饰效果。在汽车、家电、电子"3C"等领域有较多运用。

OMD工艺的优缺点见表8-12。

表8-12 OMD工艺的优缺点

优点	①能适应个性化定制需求 ②可应用于大型尺寸产品 ③可包覆倒角及产品底端，具有高包覆性 ④薄膜表面的触感可更真实保留 ⑤环保
缺点	①不良率较高，一般为50%～80% ②单副模具产能有限，若大批量生产，则必须开多套模具 ③工艺制程长，包边、划伤、碰伤等缺陷难以克服

8.4 重组属性的物理工艺

8.4.1 锤揲

锤揲工艺是中国早期金银器中最常见的工艺之一，也是最初级、最基本的工艺，指对金属配料施加压力使其产生变形，以获得所需造型的金属加工方法。利用金属的可塑性与延展性，金属在打作时随着作用力发生变形，形成纹理或延展放长。反复捶打、敲击直至器形和纹饰成形。不同于繁复的华丽之美，简洁的器物本身，表面富有肌理的变化，使得金属脱离了冷冰冰的质感，而多了人文的温度。

锻打锤揲金银器成形，首先需将熔炼提纯后的金块或银块加热；用锤子反复敲打，使其延伸展开成为一定厚度的金片或银片；然后，剪裁成所需要的简单器型。锤揲而成的器物口往往比较薄，在使用中容易变形，为避免这种情况，一般还要进行加厚处理。锤揲法制造的器物比铸造耗用材料少，且可单人独立完成。相对于机器加工，锤揲工艺耗时较长。适用于金、银、铜这三种延展性较好的金属，主要用途为塑形及外表纹理的处理（图8-9）。

图8-9 锤揲工艺及成品

8.4.2 编织

编织工艺是人类利用工具或者双手，使条状物互相交错或钩连而组织起来，形成条形或块状类的、进行编制的工艺操作。编织工艺品中丰富多彩的图案大多是在编织过程中形成的，有的编织技法本身就会形成图案花纹。

中国编织品按原料划分主要有竹编、藤编、草编、棕树、柳编、麻编等。由于原材料的不同，其工艺流程有所区别。常见的编织技法有编织、包缠、钉串、盘结等。手工编织的工具有小纺车、剪刀、金属靶子、铁镊子、竹制挑线工具、锤子等。编织在原料、色彩、工艺等方面形成了天然、朴素、清新、简练的艺术特色。

编织材料可分为天然材料、人造材料和成品材料。主要应用于服装、包箱、饰品、家具等。不同材料编织物如图8-10所示。

（a）竹编　　　　　　　　　　（b）藤编　　　　　　　　　　（c）棕编

图 8-10　不同材料编织物

8.5　神奇的化学表面处理

8.5.1　化学抛光

化学抛光是靠化学试剂的侵蚀作用对样品表面凹凸不平区域的选择性溶解作用，消除磨痕、侵蚀整平的一种方法。一般适用硝酸或磷酸等氧化剂溶液，在一定条件下使工件表面氧化，此氧化层又能逐渐溶入溶液，使加工表面逐渐整平，达到改善工件表面粗糙度或使表面平滑化和光泽化的目的。化学抛光设备简单，可以大面或多件抛光薄壁、低刚度工件，以及内表面和形状复杂的工件，不需要外加电源、设备，操作简单、成本低。化学抛光可作为电镀预处理工序，也可在抛光后辅助以必要的防护措施直接使用。

化学抛光主要流程为：试样准备→配置化学抛光溶液→抛光→清洗吹干。化学抛光的作用分为两个阶段来认识。第一阶段是化学抛光金属表面几何凸凹的整平，去除较粗糙的表面不平度，获得平均为数微米到数十微米的光洁度；第二阶段是晶界附近的结晶不完整部分的平滑化，去除更微小的不平。可将第一阶段称为宏观抛光或平滑化，第二阶段称为微观抛光或光泽化。产品化学抛光的前后对比如图 8-11 所示。

图 8-11　产品化学抛光的前后对比

化学抛光主要用不锈钢、铜及铜合金等。化学抛光对钢铁零件，尤其是低碳钢有较好的抛光效果，所以对于一些机械抛光较为困难的钢铁零件，可采用化学抛光。

化学抛光工艺的优缺点见表 8-13。

表8-13 化学抛光工艺的优缺点

优点	①设备简单 ②可以处理形状比较复杂的零件和薄壁、低刚度工件
缺点	①化学抛光的质量不如电解抛光 ②化学抛光所用溶液的调整和再生比较困难，在应用上受到限制 ③抛光过程中硝酸散发出大量黄棕色有害气体，对环境污染严重

8.5.2 化学氧化

钢的氧化处理是将钢件在空气、水蒸气或化学药物中加热到适当温度，使其表面形成一层蓝色（或黑色）的氧化膜，以改善钢的耐蚀性和外观，这种工艺称为氧化处理，又叫发蓝或发黑处理。氧化处理分为化学氧化和电解氧化两种方法，常用于钢铁和铝、铜、镁等有色金属表面处理。化学氧化不用电源，设备简单，工艺稳定，操作方便，而且成本低，效率高。化学氧化包括碱性化学氧化（发蓝）和酸性化学氧化（发黑）。

化学氧化处理工艺的主要流程：除油→除锈→氧化→涂保护膜。氧化处理过程中，溶液内的氧化剂含量越高，生成氧化膜的速度也越快，而且膜层致密、牢固。溶液中碱的浓度适当增大，获得氧化膜的厚度增大，碱含量过低，氧化膜薄则脆弱。溶液的温度适当升高，可以提高氧化致密度。工件含碳量越高，越容易氧化，氧化时间越短。氧化处理时间主要根据钢件的含碳量和工件氧化要求来调整。

化学氧化主要用于提高金属件的耐蚀性和耐磨性。氧化处理工艺不影响零件的精度，常用于仪器、仪表、工具、枪械及某些机械零件的表面，使其达到耐磨、耐蚀及防护与装饰的目的（图8-12）。

图8-12 化学氧化工艺处理方式及成品

8.5.3 化学镀

化学镀也称为无电解镀，是一种新型的金属表面处理技术，是在无外加电流的情况下借助合适的还原剂，使镀液中金属离子还原成金属，并沉积到零件表面的一种镀覆方法。该技术以工艺简便、节能、环保而日益受到人们的关注。化学镀使用范围很广，镀金层均匀、装饰性好。在防护性能方面，能提高产品的耐蚀性和使用寿命；在功能性方面，能提高加工件的耐磨导电性、润滑性等特殊功能。

化学镀的主要工艺流程：前期处理→化学镀→水洗→干燥→镀层后处理。前期预处理使镀件表面生成具有显著催化活性效果的金属粒子，接着选择合适的化学镀溶液，将被镀工件表面去除油污后直接放入镀液中，根据设定的厚度确定浸镀的时间。由于化学镀层具有优良的均匀性、硬度、耐磨和耐蚀等综合物理化学性能，因此得到了越来越广泛的应用，如铝或钢材这类非贵金属基底可以用化学镀镍技术防护，比较软的、不耐磨的基底也可以用化学镀镍赋予坚硬耐磨的表面。化学镀镍也可以在各种非金属纤维、微球、微粉等粉体上施镀。

化学镀可用于大部分金属（如钢、不锈钢、铝、铜等）、非金属（如陶瓷、玻璃金刚石、碳片、塑料、树脂等）的表面处理。目前，化学镀技术已在电子、阀门制造、机械、石油化工、汽车、航空航天等工业中得到广泛的应用，如各类模具、石油化工耐腐蚀部件、机械部件等。

化学镀工艺的优缺点见表8-14。化学镀工艺处理方式及成品如图8-13所示。

表8-14　化学镀工艺的优缺点

优点	①工艺简单、适应范围广、不需要电源、操作简单 ②镀层与基体的结合强度好、厚度均匀、针孔少 ③成品效率高、成本低、副反应少 ④废液排放少，对环境污染小
缺点	①溶液稳定性差、调整和再生较为困难 ②镀层常显出较大的脆性

图8-13　化学镀工艺处理方式及成品

8.5.4　酸洗

酸洗是清洁金属表层的一种方法，其原理是利用酸溶液去除钢铁表面上的氧化皮和锈蚀物。一般将制件浸入硫酸等的水溶液，以除去金属表面的氧化物等薄膜，是电镀、搪瓷、轧制等工艺的前处理或中间处理。酸洗用酸主要有硫酸、盐酸、磷酸、硝酸、铬酸等。

酸洗工艺主要有浸渍酸洗法、喷射酸洗法和酸膏除锈法。一般多用浸渍酸洗法，大批量生产中可采用喷射法。酸洗过程主要分为两步：第一步酸洗的主要目的是除去焊接处和焊缝的黑皮、夹杂物及部分氧化皮；第二步酸洗，除去表面灰色膜，使其达到近似镜面光亮。由于酸洗剂对金属有腐蚀性，所以要添加酸洗缓蚀剂以减少或消除对金属的伤害。

酸洗主要应用于钢材、有色金属（如铜、铝、镁、锌、钛、镍）及其合金，广泛应用于各个工业领域的不同工艺，如工业设备、管路、低压锅炉、发电厂锅炉、中央空调等设备清洗，钢铁除锈及油水酸化等。

酸洗工艺的优缺点见表8-15。

表8-15 酸洗工艺的优缺点

优点	①无须专用设备，对操作环境无特殊要求 ②可用于批量生产 ③投资成本较低
缺点	①由于清洗过程对浓度和清洗时间有着非常准确的要求，因此清洗过程不易控制 ②会降低材料的物理耐性，清洗过程中氢会渗入材料中造成氢脆 ③废液易造成环境污染 ④酸洗溶液易挥发，挥发的气体对人体会造成一定的伤害

8.5.5 蚀刻

蚀刻是指将材料使用化学反应或物理撞击作用而移除的表面处理工艺。最早可用于制造铜版、锌版等印刷凹凸版，也广泛地用于减轻重量仪器镶板、铭牌及传统加工法难以加工的薄形工件等的加工；经过不断改良和工艺设备发展，亦可以用于航空、机械、化学工业中电子薄片零件精密蚀刻产品的加工，特别在半导体制程上，蚀刻更是不可或缺的技术。

根据基材的不同，蚀刻工艺会有所不同，但一般蚀刻工艺为：蚀刻板→清洗脱脂→水洗→烘干→覆膜或丝印油墨→烘干→曝光制图→显影→水洗干燥→蚀刻→脱模→干燥→检验→成品包装。通过蚀刻可加工各种金属、合金及不锈钢板材、带材，玻璃、陶瓷等非金属材料，在石油、化工、食品、电子等行业被广泛应用。

蚀刻工艺的优缺点见表8-16。蚀刻处理的工艺品及电子产品如图8-14所示。

表8-16 蚀刻工艺的优缺点

优点	①保持与原材料的高度一致性 ②没有毛刺，不会出现卷边、磕碰、压点，表面光滑 ③适应不同尺寸的产品 ④精密度高，最高管控的精度可以达±0.005mm ⑤周期短、成本低
缺点	①蚀刻时采用的腐蚀液体大多对环境具有危害 ②酸洗溶液易挥发，挥发的气体对人体会造成一定的伤害

图8-14 蚀刻处理的工艺品及电子产品

8.5.6 TD处理

TD工艺也叫熔盐碳化物覆层工艺,是一种金属表面改质的方法,其目的为在钢件表面进行硬化皮膜,获得一系列高硬度碳化物。

TD处理工艺是一个完整的热处理过程,应用在耐磨抗蚀零件上,可提高模具的使用寿命。而普通碳、低合金钢经TD工艺处理后可替代部分高合金工模具、不锈钢等。TD处理成本相对比较高,国内还未普遍应用。

TD工艺的优缺点见表8-17。产品模具TD工艺处理如图8-15所示。

表8-17 TD工艺的优缺点

优点	①处理后模具表面具有高硬度、低摩擦系数 ②有优异的抗咬合力、抗拉伤性能 ③模具的抗腐蚀性、抗氧化性大幅度提高
缺点	①组织应力和热应力消除不好,金属红硬性降低 ②后续不能进行高于210℃的表面强化工艺,如QPQ/PVD等 ③变形相对较大

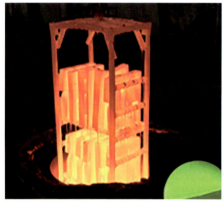
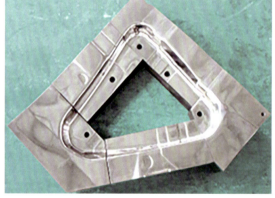

图8-15 产品模具TD工艺处理

8.5.7 QPQ处理

QPQ表面处理是一种盐溶液体氮化技术,其原理是基体在盐浴炉中进行的热化学扩散与钝化以及精密处理相结合的无公害金属表面处理工艺。金属在两种不同材质的低温熔融液中做复合处理,通过多种元素渗入金属表面形成复合渗层,使基体表面得到强化改性,耐磨性、抗蚀性和耐疲劳性得到大幅度提升。这种没有经过淬火,但达到了表面淬火的效果的最新改良工艺叫光中氮化。

QPQ（quench-polish-quench），原意为"淬火-抛光-淬火"。QPQ工艺是指基体做了盐浴处理后，为降低基体表面粗糙度，对工件表面进行一次抛光，再在盐浴中做一次氧化。

QPQ处理工艺在工件表面形成黑色氧化膜，提高防腐性和耐磨性对精密零件和表面粗糙度要求较高的工件来说是非常必要的处理方法。目前，QPQ盐浴复合处理技术在国内也得到大量推广应用，尤其在汽车、摩托车、轴类产品、电子零件、纺机、机床、电器开关、工模具上使用效果非常突出。

QPQ工艺的优缺点见表8-18。

表8-18 QPQ工艺的优缺点

优点	①处理后的基体表面硬度、耐磨性、抗腐蚀性、耐疲劳性均有所提升 ②处理后的工件基本不变形 ③生产成本低、大幅度节能 ④质量稳定、操作简便、生产效率高 ⑤无公害水平高、无环境污染
缺点	①硬化层较薄，不利于工件精加工 ②处理好的工件呈黑色或蓝黑色，色彩单一

8.6 高效的电化学表面处理

8.6.1 电化学抛光

电化学抛光，又名电解抛光、电抛光，基材为阳极，铅板为阴极，两极同时浸入电化学抛光槽中，通以直流电，溶解产物向电解液中扩散，材料表面几何粗糙下降；阳极极化、表面光亮度提高，从而达到工件表面光亮度增大的效果。

电解抛光可用于电镀前的表面准备，也可做镀后表面的精饰，还可作为金属表面独立的精饰加工方法。目前在轴承、反光罩、切削工具、计量工具、自行车零件、纺织机械零件及医疗器械等加工中有广泛的应用。

电化学抛光工艺的优缺点见表8-19。电化学抛光工艺处理方式及处理后的产品零部件如图8-16所示。

表8-19 电化学抛光工艺的优缺点

优点	①提高工件表面的抗腐蚀能力 ②内外色泽一致，光泽持久，机械抛光无法抛到的凹处也可平整 ③生产效率高，成本低廉 ④可去除零件表面的毛刺，发现产品表面的隐藏缺陷
缺点	①抛光前处理较为复杂 ②电解液的通用性差，使用寿命短，强腐蚀性，并且难以处理

图 8-16　电化学抛光工艺处理方式及处理后的产品零部件

8.6.2　阳极氧化

阳极氧化是指金属或合金在相应的电解液和特定的工艺条件下，在金属制品上形成一层氧化膜的表面处理工艺。其目的是生成厚的氧化物表面层，保护金属基材不受腐蚀，并提供惰性表面，扩大应用范围，延长使用寿命。

阳极氧化工艺主要包括以下几个步骤：去油去污，通常采用化学或机械的方式将基材表面的油污、灰层等物质彻底清除；阳极处理，将基材作为阳极，放入含有电解液的电解槽中，通电后金属表面产生氧化还原反应，产生一层氧化膜；封孔处理，在阳极氧化后，基材表面的氧化膜会产生微孔，需要进行封孔处理；染色处理，阳极氧化后可在基材表面进行染色处理，以实现装饰性效果；密封处理，在染色处理后，基材还可以进行一层密封处理，进一步提高氧化层的耐腐蚀性和耐磨性等特性。

有色金属铝、镁及其合金都可进行阳极氧化处理，铝的氧化物薄膜防腐性最好，广泛用于飞机、汽车、电子电器、仪器仪表的零部件以及日用品和工艺品等的表面处理。

阳极氧化工艺的优缺点见表 8-20。阳极氧化工艺处理方式及处理后的产品零部件如图 8-17 所示。

表 8-20　阳极氧化工艺的优缺点

优点	①使基体耐腐蚀性、硬度、吸附能力、绝缘性、绝热性大幅度提高 ②外观色彩丰富 ③表面不会有化学物质残留
缺点	①生产时间较长 ②生产成本较高，价格相对较贵 ③氧化层厚度不易控制 ④氧化层颜色和亮度易受工艺及处理条件的影响，不同批次间存在色差 ⑤膜层厚度较大时，对金属或合金的机械疲劳强度指标有所影响

图 8-17 阳极氧化工艺处理方式及处理后的产品零部件

8.6.3 微弧氧化

微弧氧化,也被称为等离子体电解氧化,是从阳极氧化技术的基础上发展而来的,形成的涂层优于阳极氧化。通过电解液与相应电参数的组合,在铝、镁、钛及其合金表面依靠弧光放电产生的瞬时高温高压作用,生长出以基体金属氧化物为主的陶瓷膜层,达到工件表面强化的目的。

微弧氧化主要应用在铝、镁、钛等金属的表面处理上。目前,微弧氧化技术已经开始应用于兵器、机械、汽车、交通、石油化工、纺织、印刷、电子、轻工、医疗等行业。

微弧氧化工艺的优缺点见表 8-21。

表 8-21 微弧氧化工艺的优缺点

优点	①大幅度提高材料的表面硬度,可与硬质合金相媲美 ②处理后的基体具有良好的耐磨损性、耐热性、抗腐蚀性及绝缘性能 ③溶液为环保型,符合环保排放要求 ④工艺稳定可靠 ⑤基体原位生长陶瓷膜,结合牢固,陶瓷膜致密均匀
缺点	①电解液温度上升快,需配置大量的制冷和热交换设备 ②生产时间较长

8.6.4 电化学镀

电化学镀就是利用电解作用使金属或其他材料制件的表面附着一层金属膜的工艺,从而起到防止金属氧化,提高耐磨性、导电性、反光性、抗腐蚀性以及增进美观等作用。

在电镀过程中,电镀液中的金属离子移动到负极上形成镀层。电化学镀材料有很多,除了金属之外还有非金属材料,如ABS塑料、聚丙烯等。镀层大多是单一金属或合金,如钛、钯、锌、镉、金或黄铜、青铜等。传统上,电化学镀应用领域集中在机械和轻工领域等,随着工艺的进步和其他行业需求的增加,近年来开始向电子、微机电系统和钢铁等行业扩展。

电化学镀工艺的优缺点见表 8-22。电化学镀工艺处理方式及其处理的产品如图 8-18 所示。

表8-22　电化学镀工艺的优缺点

优点	①提高耐磨性、导电性、反光性、抗腐蚀性及增进美观等 ②修复金属零件尺寸
缺点	①电流分布不均易造成外表镀层厚度不均匀 ②设备与化学镀相比较为复杂，使用潜在的危险设备

图8-18　电化学镀工艺处理方式及其处理的产品

8.6.5　磷化

磷化处理是一种化学与电化学反应形成磷酸盐化学转化膜的过程，其目的是给基体金属提供保护作用，在一定程度上防止金属被腐蚀。

磷化工艺流程主要为：除油除锈→水洗→磷化→水洗→磷化后处理。原理是将工件浸入磷化液，在表面形成不溶于水的结晶型磷酸盐转化膜的过程。磷化成膜过程主要由四个步骤组成：酸的侵蚀使基体金属表面H^+浓度降低；促进剂加速；磷酸根的多级离解；磷酸盐沉淀结晶成为磷化膜。主要应用于钢铁表面磷化，有色金属件也可磷化。涂漆前打底，提高漆膜层的附着力与防腐蚀能力；在金属冷加工工艺中起减摩润滑作用。

磷化工艺的优缺点见表8-23。

表8-23　磷化工艺的优缺点

优点	增强涂膜与工件之间的结合力，提高工件表面涂层的耐腐蚀性，改善涂装
缺点	①操作不方便，能源和材料消耗大 ②会产生大量的磷化渣，需要停工处理 ③成膜不均、漆膜层较厚 ④废料中含重金属，造成环境污染

案例篇

第 9 章　案例分析：家居与家具产品CMF设计

第 10 章　案例分析：智能产品CMF设计

第 11 章　产品CMF设计流程与策略

第 12 章　大国制造的设计机遇与挑战

产品CMF设计的概念提出的时间不长，但对产品色彩与材料工艺的综合品质的关注并不是最近几年才出现的，早已贯穿在人们的生活与设计师的工作日常。本书把众多产品的CMF设计案例主要分成了两个部分。

一是家居家具，从单一材质到多种材质的混搭，能够帮助人们更好地认识CMF在从简单到复杂的产品中的层次与作用，以及色彩、材质等作用在视觉触觉进而影响心理感受与使用体验等的综合效果。

二是智能产品，当技术成分较高时，作为技术外显的CMF是如何通过设计调和技术在产品特征与用户体验之间的关系。经过筛选的智能产品CMF设计案例能够反映出有的智能产品强调技术性，带有高技术的冷漠与距离感；也有的智能产品在弱化技术性，用简单的外形与亲和力强的材质色彩，在心理与体验层面拉近与用户距离。

第 9 章
案例分析：家居与家具产品CMF设计

9.1 换材不换形——日用品碗

9.2 美丽的透明——玻璃杯

9.3 品茶必备——茶壶

9.4 更舒适地坐——椅子

9.5 门面装点——沙发

导　言： 在人们的日常生活中，家居与家具产品的设计美感与人们的使用体验关系很大，初级层面的视觉效果远远不是吸引人注意力的主要方面，人们更愿意在使用、触摸、坐卧等接触中评价这类产品的设计。因此家居与家具的CMF设计，更注重用户视角的体验与感受，那些长期存在于人们生活中的杯碗壶盏、桌椅沙发等，都蕴含着CMF的设计经验与智慧。在这个追求个性化与品质生活的时代，家居与家具产品的CMF设计正发挥着越来越重要的作用。本章将通过丰富的案例分析与实践操作，引领学生走进CMF设计的精彩世界，共同探索家居与家具产品设计的无限可能。用创意点亮生活，用设计塑造未来！

本章重点： 本章主要介绍了家居与家具这类产品案例，分析其CMF设计理念与构成。重点围绕CMF设计在家居与家具产品中的应用与实践进行深入分析。

教学目标： 通过本章的学习，能够建立不同类型产品的CMF设计要点的差异。通过案例分析，掌握家居与家具产品颜色、材料、表面处理的设计原则、方法及应用技巧。

课前准备： 教师可根据教学内容，以身边产品作为教学器材，让学生从产品的材料、部件、结构、颜色等层面重新认识熟悉的产品。

教学硬件： 多媒体教室、CMF色板。

学时安排： 本章建议安排2~4个课时。

本章内容导览如图9-1所示。

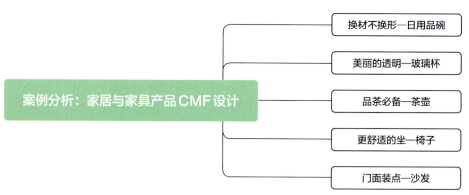

图9-1　本章内容导览

9.1 换材不换形——日用品碗

碗作为人们日常必需的饮食器皿，其用途一般是盛装食物。碗的造型特点是敞口、深腹、平底或圈足，形式多为圆形。圆形的碗没棱角，不容易碰坏，更容易摞在一起，收拾和保管都非常方便。人使用碗的姿势多为"托"或"端"，主要接触点有指腹和手掌中的肌肉。对于手掌来说，最自然的形态就是半握拳状态，因而碗的外轮廓线需要贴合人手掌的弧度。除此之外敞口深腹的造型易脱模，成型快，生产效率高。

随着科学技术的进步，碗的制作材料也有很大的革新，从最初的陶瓷、木材到今天的玻璃、不锈钢、塑料等。

图9-2展示的是不同材质的碗，它们功能相同、外形相似。但由于它们的材料不同，使其外观色彩、表面肌理存在一定的差异，并且在使用上也各有讲究。

陶瓷碗表面都会施釉，表面通常较为光亮细腻，易于洗涤和保持洁净。玻璃碗多为无色透明质地，一些带有有色图案或花纹的玻璃餐具中含有较高含量的重金属镉和铅，会伤害人体健康。玻璃碗具有高度透明的特征，可以多方位地看到食物，因此常被用来装水果、沙拉之类具有观赏性的食物，增加使用过程中的趣味性。玻璃碗和陶瓷碗都属于易碎器皿，不适合儿童使用。在为儿童选碗具时，大部分家长会选用塑料、不锈钢或者木质等材料。

不锈钢碗不仅抗摔，而且易于清洁，但不适合用来长时间盛装酸性液体。木制碗是一种天然产品，有天然的花纹可做装饰。但木质碗在潮湿的环境中易滋生细菌和霉菌，所以碗表面会涂一层漆来防止微生物的滋生。木质碗容易干裂，应避免用水洗，所以多用来盛装一些比较干燥的食品。塑料碗色彩丰富，质轻、美观、不易碎。

由于碗的主要用途是盛装食物，因此防烫设计是一个重点。为了避免烫手，一般陶瓷碗都有较厚的底足。对于玻璃碗，因为工艺的原因没有底足，为了防烫，碗底都比较厚。不锈钢材质导热性能好，因此不锈钢材质的碗多数为双层，或在外面加一层塑料用以隔热。因为塑料的特性，塑料碗不适合盛装高温、高油脂性的食物或是进行高温蒸煮。

材料的选择在一定程度上决定了产品的成型方式：陶瓷碗，多采用滚压成型，上以清釉；玻璃碗，则是将熔制好的玻璃注入模型中，压制成型，工艺简便，生产能力高；不锈钢隔热碗，是用钢板两次冲压，采

(a) 陶瓷碗　　(b) 玻璃碗　　(c) 不锈钢隔热碗

(d) 木碗　　(e) 塑料碗　　(f) 透明塑料碗

图9-2　不同材质制成的碗

碗通常与食物直接接触，材质的安全与否是消费者在挑选产品时最为关心的问题之一。纯白胎陶瓷安全性相对较高，因此陶瓷碗多为无装饰白胎陶瓷，或内壁采用无装饰白胎，外壁采用釉下彩绘装饰。绝大多数

产品CMF设计

表9-1　同形异材碗的CMF总结

产品	构成元件	色彩	材料	工艺技术	制作考感因素	元件功能	整体功能	使用体验	生态影响
陶瓷碗	一体成型	白底	陶瓷	滚压成型	**使用场合**：家庭或餐厅 **美观与成本**：表面细腻，光泽度高，工艺、材料成本较低 **用途**：盛装食物 **使用人群**：适合大部分人使用	盛装食物	几乎所有类型的食物	触感细腻如脂，清洁方便，隔热性差，易烫手	陶瓷属于环保材料，不含任何有害物质。但生产过程中会排放废气和废水
玻璃碗		无或有色透明	玻璃	压制成型	**使用场合**：家庭或餐厅 **美观与成本**：可投射出食物的色泽，成型简单，成本低廉 **用途**：盛装食物 **使用人群**：适合大部分人使用			外观通透明亮，可投射出食物的色泽，增添使用过程中的趣味性，隔热性差，易烫手	材料可回收利用。但制造过程中会产生二氧化硫、氮氧化物等有害气体和颗粒、废水等
不锈钢隔热碗		银灰色	不锈钢	钢板冲压	**使用场合**：家庭或餐厅 **美观与成本**：金属的光泽，成本相对陶瓷较高 **用途**：盛装食物 **使用人群**：适合老人和小孩使用		不适合长时间盛装酸性液体	质地较轻，表面光滑明亮，防摔，清洁，双层不锈钢碗隔热性能好	100%可回收材料。生产过程中产生废气、废水、固体生废物等
木碗		原木色	木质	车削	**使用场合**：家庭或餐厅 **美观与成本**：原木色古朴自然，成型工艺简单，成本由木材重量决定 **用途**：盛装食物 **使用人群**：适合大部分人使用		多用于盛装一些比较干燥的食品	体轻耐用，质固，天然纹理装饰，不烫手，冰手	材料天然环保，可降解，无污染。生产过程中会产生废水
塑料碗		彩色	塑料	注射成型	**使用场合**：家庭或餐厅 **美观与成本**：色彩丰富，成型工艺简单，成本低廉 **用途**：盛装食物 **使用人群**：适合老人和小孩使用		不适合盛装高温、油脂性食物	触感光滑，容易清洗，质地轻，颜色丰富，防摔，隔热性较好	塑料难降解，随意丢弃会污染土壤和水体，焚烧不当会产生有害物质二噁英
透明塑料碗		彩色	透明塑料	注射成型	**使用场合**：家庭或餐厅 **美观与成本**：色彩丰富，成型工艺简单，成本低廉 **用途**：盛装食物 **使用人群**：适合老人和小孩使用				

用一个大碗、一个小一点的碗，焊接在一起的，这样可以保证两层之间存在不流动的空气，起到隔热、保温作用；木碗，主要采用切削工艺；塑料碗，大多采用注射成型方式，将完全熔融的塑料材料，用高压射入模腔，经冷却固化后，最后得到成型品。

将以上信息归纳后，可得到同形异材碗的CMF总结（表9-1），可作为产品CMF分析范式使用，在此章节中会反复提及，以便读者深入理解与加强印象。

9.2 美丽的透明——玻璃杯

如图9-3所示的杯子均由透明玻璃制作，便于观赏茶与酒的色泽，增加品尝愉悦感。但其呈现的形态因用途各有讲究。茶杯与德式升装马克杯虽然都有把手，但设计目的却是不同的。茶多用沸水冲泡，增加把手以防烫伤。德式升装马克杯的德文名Maß，是Maßkrug的缩写，Maß是一个测量单位，代表着1L。德式升装马克杯内装一升啤酒，是比较重的，必须添加把手，才能便于抓握。另外，啤酒通常冰镇保存，增加把手可以减少啤酒温度对人体的影响，以免影响口感。

杯子大小与其用途及地方文化有关。中国茶道的基本精神（也称茶道四谛）为和、静、怡、真，品茶讲究雅致，宜小口慢饮，因而茶杯通常体积较小。大杯口、厚杯沿则是为了散热和防止烫伤。如图9-3（b）所示为威士忌杯，又名岩石杯、不倒翁杯，大杯口设计便于畅饮和添加冰块，再加上杯身不高，杯底接触面大，使得重心低，不易倾倒，是名副其实的"不倒翁"。德式升装马克杯大杯口、高杯身的特点则是为了畅饮，而杯口微微内缩，可以降低与空气的接触面积并凝聚香气，同时，需要人将杯子举得更高才能让酒液流出，流速难以有效控制，适合大口饮用。在啤酒节或者啤酒花园里，通常用它来侍酒，以达到尽兴的状态。

选用不同纹样，不仅出于审美考虑，还有实用角度。威士忌常加冰块饮用，杯子外壁会有水珠凝结，竖条状的纹样能够引导水珠落下，同时减少杯壁与手的接触面积，更长时间保持冰镇口感。德式升装马克杯把手上方的环形线起到两个作用：一是容量

（a）茶杯　　　　　　　　　（b）威士忌杯　　　　　　　（c）德式升装马克杯

图9-3　不同形态的玻璃杯

表9-2 同材异形杯子的CMF总结

品类	构成元件	色彩	材料	工艺技术	制作考虑因素	元件功能	整体功能	使用体验	生态影响
茶杯	杯身	透明无色	玻璃	压-吹法	**使用场合**：品茶娱乐 **美观与成本**：玻璃易于观色且成本低廉 **用途**：盛热茶 **使用人群**：中端用户	杯身盛茶水	围绕防烫、品茶两个目的设计。茶杯口小，便于小口品味，以及控制流速，防止烫伤	使用方便，略烫	
	杯柄					便于把持，防烫			
	装饰					杯口加厚防烫			
威士忌杯	杯身	透明无色	玻璃	压制成型	**使用场合**：家中或酒吧品酒 **美观与成本**：杯外壁有竖形花纹，增加美观度，便于观察酒色并降低成本 **用途**：盛威士忌酒与冰块 **使用人群**：品酒新手	杯身盛酒	杯身不高，杯底接触面大，使得重心低，不易倾倒；杯口较大，便于放置冰块，但不易于慢慢品味，适合新手使用	容易把握杯身，杯壁容易凝聚水珠，杯底水渍多	使用寿命长，本身无毒，但生产过程中产生多于废弃后产生的污染
	装饰					杯外壁花纹能增加杯身强度，隔热，并导流			
德式升装马克杯	杯身	透明无色	玻璃	压-吹法	**使用场合**：啤酒节或者同酒花园 **美观与成本**：美观且能增加泡沫并降低玻璃强度，便于观察且降低成本 **用途**：盛大量啤酒 **使用人群**：大酒量人群	杯身盛酒	杯壁厚，杯口大，适宜大口畅饮	把持方便，饮用畅快	
	把手					便于把持，碰杯			
	装饰					杯口环形线提醒添酒量；导流，以免滴落于衣服。圆形花纹增强杯身强度			

提醒，添酒过多会让泡沫溢出；二是导流，少量酒液溢出时可留存于凹陷处，以免滴落在衣服上。同材异形杯子的CMF总结见表9-2。

9.3 品茶必备——茶壶

如图9-4所示的三种茶壶分别选用陶土、铁、银制作，因材质不同而呈现不同色泽肌理和效用。陶土厚重、朴实，具有良好的透水性和透气性，用其泡茶，既不夺茶真香，又无损汤气，能较长时间保持茶叶的色、香、味。铁壶与银壶同为金属材质，导热良好，能减少煮茶时间，但两者导热能力不同，使得细节处理上略有差异。银的导热性更好，因而提梁上需添加隔热装置，如图9-4（c）所示在提梁上缠绕皮绳以防烫伤，并起到防滑作用。铁壶材料较厚，再加上导热性一般，具有良好的保温效果，提梁也无须特意处理。

材料的特性会影响成型方式，产品肌理也随之不同。铁壶原料为生铁，硬而脆，铸造性好，熔化后采用砂型铸造而成，表面粗糙，样式古朴，如图9-4（b）所示的腰线实际为铸造时的分模线。由于铁器的金属活动性强，使用炭火高温氧化工艺不仅可以延缓生锈，而且可以赋予铁壶独特的光泽。

银的延展性好，因而可采用锤揲工艺一体成型，匠人的手工打制痕迹赋予了银壶独一无二的纹理。不做表面处理的银壶为银白色，在空气中会自然氧化发黑，但变化不均匀。如图9-4（c）所示的银壶采用熏银工艺做旧，不仅为器物增添颜色的变化，使之拥有古典怀旧气息，而且能够有效阻止银的自然氧化。

三种茶壶均为提梁壶，这种形式始于北宋，流行于明清。古人饮茶，是将茶壶放在茶炉上烹煮，提梁远离火源，提取时不易烫伤，且提梁与壶身的重心在一条垂线上，提执时比较省力，也不易损坏，只是斟注时较为费力。

此外，规划CMF设计策略时，还需考虑不同材料的选择搭配。如图9-4（a）所示的茶壶壶身由陶土制作，提梁为竹节制作，两种材料都取自自然，亲和力强，两者相得益彰。提梁茶壶基本结构CMF图解见图9-5。

（a）陶土壶

（b）铁壶

（c）银壶

图9-4　不同材质的茶壶

此处以运用中国传统金银加工方式成型的银壶为例,同样按照CMF分析表整理信息总结为表9-3。

如图9-6所示为曲壶,整个作品用一条线贯穿,浑然一体,十分流畅,极具美学观赏价值。提梁与壶口的连接、提梁与壶身的连接,在美学处理与加工上都颇具难度,线条或弯或直都有损美感,处理的力度、陶土的湿度都直接影响成品质量。由此可见,一款产品的成功,与其工艺造型等都有很大的关系。

图9-5 提梁壶基本结构CMF图解

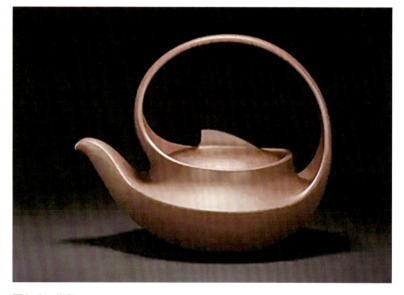

图9-6 曲壶

表9-3 银壶的CMF总结

名称	构成元件	色彩	材料	工艺技术	制作考虑因素	元件功能	整体功能	使用体验	生态影响
银壶	壶嘴	银色	银	锤揲、熏银工艺	**使用场合**：会客厅 **美观用户制作**：主要为高端用户制作，对产品审美要求高，成本考虑较少。收藏价值高，使其银为贵金属，采用传统锤揲工艺，具有独一无二的纹理，能够增加收藏价值。由于银自然氧化时变色不均匀，故采用熏银工艺做旧，防止氧化 **用途**：盛热茶 **使用人群**：高端用户	使茶水流出，壶嘴大小、形态影响出水量与出水效果	围绕防烫、煮茶、倾倒设计。既能煮茶也能煮水	煮茶时间短；选材与加工工艺兼具美观性与收藏价值	使用寿命长，大部分能放回收制
	壶口					注水口与茶叶口			
	装耳					连接提梁与壶身			
	提梁					远离加热源，防止烫伤，便于把持，但倾倒时较为费力			
	壶盖					保温，防止异物进入以及热气烫手			
	壶钮					提供着力点，便于壶盖取放			
	壶身					容纳茶水			
	一捺底					减少与桌面接触面积，防止桌面变形，并增加底部强度			
	滤网					分离茶与水			
	缠绳	棕色	皮绳	编织		缠绕于提梁上，隔热，防止烫伤			

9.4 更舒适地坐——椅子

如图9-7所示的三种椅凳分别由天然木材与藤、皮革材料制作而成，三者颜色相近，都为原木色。木质纹理浑然天成，具有很高的欣赏价值。多数木制品表面会上一层清漆，在保留天然木质纹理的前提下，起防潮耐磨和防虫蛀的作用。椅面均采用编织工艺，即用藤条、竹丝、篾片、皮革以挑和压的方法构成经纬交织。以实木为基本框架，通过现代生产加工工艺，将编织饰面通过胶合、压条、钉接等方式固定在家具的主材上。这样的椅面具有轻盈、柔软、透气性强、手感清爽的特点。不同的编织图案和纹理鲜明地表达了家具的地域特色和民族特色。

这三种坐具分别用于客厅、餐厅、书房，虽然材质相似，但其形态因用途不同而各不相同。藤编单人休闲椅和皮革编织椅都带有扶手和靠背，两者扶手的作用都在于支撑手臂重量，减轻肩部负担；便于手臂支撑起座、调节体位。客厅休闲椅的作用是便于使用者休息，所以藤编单人休闲椅的靠背主要用于支撑躯干的体重，放松肌肉。而皮革编织椅的腰靠主要用以维持脊柱良好形态，避免腰椎严重后突。板凳常用在餐厅，没有靠背和扶手，便于放在桌子或柜子下面，收纳方便，占地空间小。

不同的编织材料、编织方式，除了美观的考虑之外，还有实用的考量。藤编单人休闲椅和藤编板凳座面编织材料都采用玛瑙藤。藤条粗壮、匀称饱满、色泽均匀、质地牢固，具有很强的韧性等特点。藤编椅采用八角眼篁编织工艺，孔距均匀，密实坚韧，延展性和柔韧性俱佳，体感上给人透气轻盈的感受。除此之外，八角眼篁编织方法复杂，成品图案细腻，具有很强的美观性。用于客厅，既具有实用功能，又有装饰室内的作用。藤编板凳座面采用四角孔编底法，经纬篾片挑一压一上下交编，距离相等平行排列，留四方孔，受力均匀，舒适透气。这种编织方法较为简单，工期短、人工成本相对较低。由于人们常在书房办公或学习，因此书房的椅子需要柔软舒适，适合久坐。皮革编织椅则采用米字形编织法，工艺虽然简单，但成品紧密结实，在保留皮革材质亲肤、柔软触感的前提下，增大了座面的透气性。

以藤编单人沙发椅为例进行CMF图解与分析，见图9-8、表9-4。

（a）藤编单人休闲椅子　　（b）藤编板凳　　（c）皮革编织椅

图9-7　不同材质的椅凳

表9-4 藤编单人沙发椅CMF分析

名称	构成元件	色彩	材料	工艺技术	制作考虑因素	元件功能	整体功能	使用体验	生态影响
藤编单人沙发椅	坐面	黄白	玛瑙藤	编织工艺、油磨工艺	**使用场合**：客厅 **美观与成本**：藤条色彩古朴自然，由于工艺复杂，因此人工成本较高 **用途**：休息、装饰 室内 **使用人群**：中高端用户	坐卧功能的实现	主要使用场景为客厅，其作用是便于使用者休息，同时也有装饰室内环境的作用	藤椅透气有弹性，触感温和、坚实，可以营造出古朴自然的艺术感。但不能长期浸水和高温烘烤	天然材料制作而成，是比较自然环保的椅子类型
	靠面	黄白	玛瑙藤	编织工艺、油磨工艺		支撑躯干的体重，放松肌肉			
	座椅框架	浅棕色	玛瑙藤	热曲工艺、油磨工艺、机械打磨抛光		整个椅子的支撑连接			
	支撑件	浅棕色	玛瑙藤	热曲工艺、油磨工艺、机械打磨抛光		承重、支撑			
	绑带	浅棕色	玛瑙藤皮	无		连接、固定			
	藤面固定条	黑色	玛瑙藤	油磨工艺、染色		固定			

产品CMF设计

藤面固定条
材料：玛瑙藤（细藤）
颜色：黑色
成型工艺：无
表面工艺：染色、油磨工艺

绑带
材料：玛瑙藤藤皮
颜色：浅棕色
成型工艺：无
表面工艺：无

椅靠面
材料：玛瑙藤（细藤）
颜色：黄白
成型工艺：八角眼笆编织工艺
表面工艺：油磨工艺

座面
材料：玛瑙藤（细藤）
颜色：黄白
成型工艺：八角眼笆编织工艺
表面工艺：油磨工艺

座椅框架
材料：玛瑙藤（粗藤）
颜色：浅棕色
成型工艺：热弯曲工艺
表面工艺：机械打磨抛光、油磨工艺

图9-8　藤编单人沙发椅CMF图解

　　玛瑙藤是一种木本棕榈科的野生木本攀缘植物，又称为"竹藤"，产自印度尼西亚。玛瑙藤藤条粗壮、匀称饱满、色泽均匀、表面美观，具有高度的防水性能，其组织结构密实、极富弹性，质地牢固，具有很强的韧性，不易爆裂、经久耐用，被业界称为"藤中之王"。

　　藤材的热弯曲工艺流程如图9-9所示。

（a）选材

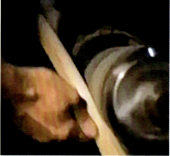
（b）打磨抛光

（c）切割

（d）蒸煮软化

（e）加压弯曲

图9-9　热弯曲工艺流程

首先是选择藤材，再将所选藤材进行打磨抛光、切割等处理，然后通过蒸煮法将藤条软化处理，再通过加压弯曲，最后干燥定型。

藤面编织工艺示意如图9-10所示。

藤条八角眼笪编织座面主要经打藤去疤、削藤、编织等工序手工编织而成。

(a) 打藤去疤　　(b) 削藤　　(c) 编织

(d) 编织　　(e) 编织　　(f) 完成

图9-10　藤面编织工艺示意

9.5　门面装点——沙发

根据前面的知识判断如图9-11所示的三款沙发各自用于哪些场合？仔细观察它的色彩、装饰细节、纹理等方面。它们分别用于餐厅、办公室、客厅。三者在大体形态上差距不大，都是半包围式，椅背、扶手区分明显，但风格却迥然不同，想要达到这种效果，应用不同的CMF设计策略是最简单的方式。

餐厅沙发、办公室沙发、客厅沙发的表层材料分别使用PU合成革、头层牛皮、科技布，除头层牛皮外，其他两种材料均为人工合成。PU合成革是第二代人工皮革，强度、耐磨度、真皮感较好且价格低廉，但总体性能劣于头层牛皮与科技布。头层牛皮由牛的表层皮肤加工制成，具有亲肤、耐磨、防水、透气性好的特点，价格昂贵。科技布也叫科技超纤布、纳米科技布，是布料的一种，主要材质是涤纶，具有透气性好、耐磨、抗皱性与延展性好的优点，性能品质等方面甚至优于低档真皮。仔细观察材料（图9-12），纹理细节上，三者几乎看不出差距，这也反映了技术对CMF设计的影响。

产品CMF设计

（a）餐厅沙发　　　　　　　　　　　（b）办公室沙发

（c）客厅沙发

图9-11　不同形态的沙发

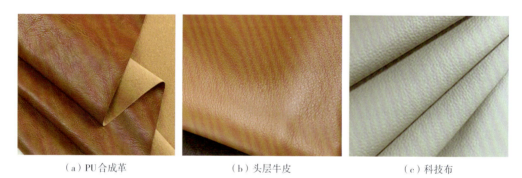

（a）PU合成革　　　　　　（b）头层牛皮　　　　　　（c）科技布

图9-12　不同类别的皮革

那为何选用三种看起来相似，实际上不同的材料？实际上，制定CMF设计策略时，除了关注产品外观外，还需让产品符合它的场合定位。餐厅人流量大，因而座椅需具有耐脏、易清洁、耐磨、经济实惠等特点，PU合成革能满足以上条件且外观美丽；办公室沙发常用于招待合作商，坐感与触感舒适是必要条件，此外，它也是公司财力的体现，外观需大气、华贵，真皮是最好选择；客厅沙发为个人使用，用户对产品舒适度、清洁度、美观度、实用度都有一定要求，综合而言，科技布在三种材料中性价比最高。

从色彩上看，餐厅沙发与办公室沙发

都应用了低明度色彩，但其背后的原因却是不同的。餐厅沙发使用黑色，用于掩盖油污、灰尘、饮料等难以清洗的污渍；办公室沙发则用黑色营造庄重、严肃、沉稳的氛围；家用客厅沙发色彩更多样，主要根据用户喜好选择，多使用让人轻松愉快的高明度低纯度色彩。

三者在靠垫、坐垫、扶手上的细节差距较大。餐厅沙发整体线条直、硬，椅背倾斜度小（座椅采用有腰靠而无头靠的靠背时，靠背与座面的夹角为105°～108°最为合适），易增加座面压力，长时间坐姿会让人不适。这样做有两个目的，一是椅背倾斜度小，可将两张沙发背靠背放置，提高空间利用率；二是减少客人停留时间，提高客座率。办公室沙发与客厅沙发椅背倾斜度较大，且扶手垫、背垫、坐垫较厚，有助于坐姿调整。两者相比，办公室沙发的扶手、底座更厚，体量感更强，有厚重感，便于营造庄重氛围；客厅沙发在样式上选择更多，对舒适度要求较高，通常配有靠枕灵活使用。

面料缝合方式上略有差距，有成本、审美、实用、工艺方面的考虑。缝合线用于缝合面料，包裹内部填充物，以及固定面料与内部填充物相对位置，防止面料滑动。不同的缝合方式使得沙发有了更个性化的表现。同时，原料成型方式对缝合方式有影响。三种沙发中，办公室沙发面料分块多，单元面料面积小，这是由于它使用的头层牛皮大小受牛的体积限制，不能如其他两种人工合成材料随意剪裁。因而，材料的成型方式也会影响外观呈现。

章节思考题

试着用CMF分析表分析下列两款勺子（图9-13和图9-14）的设计，补充表9-5中空白的内容。

图9-13 勺子（一）

图9-14 勺子（二）

表9-5　勺子的CMF分析

品类	构成元件	色彩	材料	工艺技术	制作考虑因素	元件功能	整体功能	使用体验	生态影响
陶瓷勺	勺柄	白色		干压成型、浸釉	使用场合：家用 美观与成本：表面光洁，造型简单，成本低廉，维护简单，但易碎 用途：搅拌、盛放食物 使用人群：普通大众	手指着力点			
	勺头					盛放食物			
	装饰					杯柄小口用于烧结时悬挂			
塑料勺	勺柄	黑色			使用场合：外卖餐具 美观与成本： 用途： 使用人群：上班族	手指着力点，勺柄较细，截面一般呈工字形或梯形，用于增强勺柄强度	成本低廉、材质轻便，但不耐高温，适合外卖、餐厅一次性使用		
	勺头								
	装饰					勺柄与勺头连接处有加强筋设计			

第 10 章
案例分析：智能产品 CMF 设计

10.1 集成的穿戴式——智能手表

10.2 安全卫士——指纹锁

10.3 全方位沉浸——头戴式耳机

10.4 CMF 设计的集中体现——汽车内饰

CHAPTER

导　言： 随着技术的进步与新材料的广泛运用，智能产品走进了人们的日常生活，新材料的质感与颜色不仅支持工艺技术的加工，也反映了科技在生活中的作用，以极简的形态设计，良好的交互方式，隐藏技术的复杂性，呈现给人们的更多是科技的便利与可靠。智能产品的CMF设计，需要平衡技术的理性表达与体验的感性认识。智能产品的CMF设计，不仅是产品外观与质感的关键，更深刻影响着用户的体验与情感连接，需要平衡技术的理性表达与体验的感性认识。本章将带领大家深入探索这一领域，通过剖析经典与前沿的智能产品的CMF设计案例，揭示其背后的设计原则与实践技巧，培养学生的创新思维与实际操作能力，为未来的智能产品设计之路奠定坚实基础。

本章重点： 本章主要介绍了智能生活产品案例，分析其CMF设计理念与构成。教学重点在于解析智能产品色彩、材料、表面处理的创新应用，培养学生在设计中的创新思维与实践能力。

教学目标： 通过本章的学习，能够建立不同类型产品的CMF设计要点的差异。通过智能产品CMF设计案例分析，使学生掌握智能产品CMF的设计原则与实践技巧，培养创新思维，提升智能产品设计能力。

课前准备： 教师可根据教学内容，以身边产品作为教学器材，让学生从产品的材料、部件、结构、颜色等层面重新认识熟悉的产品。

教学硬件： 多媒体教室、CMF色板。

学时安排： 本章建议安排2~4个课时。

本章内容导览如图10-1所示。

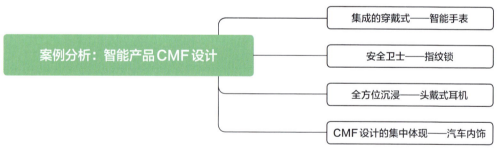

图10-1　本章内容导览

10.1 集成的穿戴式——智能手表

集成电路技术与电池技术的发展使得小小的手表具有了检测心率、睡眠质量以及运动步数等多种功能，但佩戴位置制约了手环重量与大小的设计，不能因追求功能多样而无限增大。因而，如何在有限空间内体现手环特色与功能特征，需要进行用户定位并制定相应的 CMF 设计策略。

用户定位影响表的功能定位，两者又共同影响 CMF 设计策略。如图 10-2 所示的三款均为智能手表，它们分别适用于儿童、老人、运动爱好者。用户定位的体现，在色彩搭配上尤为明显。如图 10-2（a）所示的手表使用低饱和的轻快粉色，受年轻女孩喜爱；材料选择（表带——硅胶，表盘——塑料）及表面处理方式（磨砂、电镀）的多样让手表视觉层次更丰富。如图 10-2（b）所示的手表使用低饱和度色彩，明度低，整体色彩搭配低调沉稳，适合老年人使用；相应地，材料选择柔软舒适的皮革与磨砂塑料来适应老人的佩戴需求与喜好。如图 10-2（c）所示的手表主要为运动爱好者使用，色彩轻快明了，明度高，有朝气蓬勃之感，符合运动爱好者的性格特点，材料选择与如图 10-2（a）所示的手表类似。

三种手表的大致形态相同，可分为表盘、表带、卡扣三部分，但在按键、表盘轮廓等细节处理上略有差异。表盘作为产品设计重点，集中体现了用户定位、功能特征对产品外观及 CMF 设计策略的影响。

儿童手表实际上是手机的替代品，它的设计受到家长、儿童两方面的影响，家长作为购买方，希望时刻关注儿童安全与健康，儿童作为佩戴方，对手表的样式、舒适度以及趣味度更关注。如此一来，儿童手表的厚度不可避免地增加了，以承载更多功能，对比三种智能手表，可以明显看出儿童手表在厚度上较为突出。那么，如何采取 CMF 设计策略，掩盖这种笨重感，让它符合儿童的稚嫩感呢？首先可以采用更轻快的高明度色彩，营造轻盈感；其次，使用不同材料将表盘划分层次[如图 10-2（a）所示的表盘有三种层次]，打破一体性，分散视觉重点，

（a）华为儿童手表4Pro　　（b）泰杭华老人手表　　（c）某品牌智能运动手表

图 10-2　不同类别的电子手表

从视觉上"减轻"厚度;最后进行风格营造,表盘线条简练,圆角较大,有卡通感,细节处理上圆润光滑,以免划伤皮肤。

健康状况是老年阶段最需关注的问题之一,如图 10-2(b)所示的手表便是针对监测老年人健康情况设计的,可监测血糖、血压、睡眠、心率、脑内注压等多项指标。表带上的黑色圆盘是生物传感器,佩戴后恰好位于手腕桡动脉,能够精准检测数据。表盘形态圆润,按键设计简洁,简化了操作上的难度,便于老人使用。

如图 10-2(c)所示的运动智能手表,比其另外两款按键多,这是因为采用按键,可以运动、操作两不误;如果仅使用触屏操作,那就不得不中途停下,运动的体验感会大打折扣。表壳采用碳纤维材料,具有轻质、高强度、高弹性模量、耐高低温、耐腐蚀、耐疲劳等优异特性,可以有效减轻表的自重并延长使用寿命。

三款手表有圆有方,这是由操作方式与显示形式确定的。儿童手表与老年人手表主要靠触屏操作,将屏幕设计为方形,类似手机屏幕,能够缩短用户适应时间。并且两者显示内容均以方形为主,儿童手表内 App 的图标与使用界面均为方形,老人手表的健康检测结果用方形图表显示,如图 10-3(a)所示。运动手表则以按键操作为主,对触屏依赖少,图表多为扇形显示,如图 10-3(b)所示,因而使用圆形更合适。

(a)泰杭华老人手表数据显示　(b)某品牌智能运动手表数据显示

图 10-3　电子手表屏幕及 App 图表设计

仔细观察三种手表屏幕,会发现屏幕边缘有一圈"黑框"且显示屏均采用黑色背景。"黑框"是设计层面的考量,它的学名叫作 BM 区。每款智能产品组装屏幕时都会出现些许误差,不可能做到绝对对齐。如果将屏幕边框与 BM 区可视边缘切齐,屏幕四周就会出现亮边,也就是"漏光"现象。因此,BM 区的首要作用就是防止屏幕漏光。背景使用黑色则可以将屏幕与 BM 区连为一体,掩盖瑕疵并视觉上增大屏幕范围。

以某品牌智能运动手表为例进行 CMF 图解,如图 10-4 所示。

表带
材料:硅胶
颜色:青色
成型工艺:模压成型
表面工艺:无

按键
材料:塑料
颜色:金属色
成型工艺:压制成型
表面工艺:电镀

卡扣
材料:塑料
颜色:金属色
成型工艺:压制成型
表面工艺:电镀

表盘
材料:碳纤维
颜色:亚光黑
成型工艺:模压成型
表面工艺:无

显示屏
材料:玻璃
颜色:透明色
成型工艺:压延成型
表面工艺:无

图 10-4　某品牌智能运动手表 CMF 图解

同样，运用CMF分析表总结为表10-1。

表10-1 智能运动手表的CMF总结

名称	构成元件	色彩	材料	工艺技术	制作考虑因素	元件功能	整体功能	使用体验	生态影响
智能运动手表	表盘	黑色	玻璃、碳纤维	压延成型、模压成型	**使用场合**：户外或室内健身场所 **美观与成本**：材料多为塑料，加工成本低。不过，考虑到健身用途，表盘使用碳纤维降低自重。外壳加工成本不高，贵在设计与软件水平 **用途**：测量心率、步数、睡眠质量等多项健康指标 **使用人群**：运动爱好者	显示数据测量结果、功能操作的集合体	操作方便，佩戴舒适，为运动爱好者提供更专业、舒适的服务	轻盈、操作方便	硅胶是环保型材料，其他材料回收处理难度较大
	表带	青色	硅胶	模压成型		表带上有弧形花纹，用于增大与手臂的摩擦力，固定手表；多孔形态，用于透气			
	卡扣	银灰色	塑料	压制成型		固定表带长度			
	充电口	银灰色	磁铁	冲压成型		比插接式充电更方便			
	按键	银灰色	塑料	压制成型		便于运动时操作			
	生物传感器	黑色	塑料、透明塑料	压制成型		内含多种检测芯片，用于检测各种健康数据			

10.2 安全卫士——指纹锁

随着生物技术的迅速发展，人们逐渐意识到手掌、手指、脚、脚趾内侧表面的皮肤凹凸不平，产生的纹路会形成各种各样的图案，这些皮肤纹路在图案、断点和交叉点上各不相同，具有唯一性。指纹即上述图案中的一种，依靠这种唯一性，人们把指纹对应起来进行生物识别。指纹识别技术（包括指纹锁）已经开始走入人们的日常生活中，指纹锁是以人体指纹为识别载体和手段的智能锁，它是计算机技术、电子技术、机械技术和现代五金工艺的完美结合（图10-5）。

不同领域使用的指纹锁，除了主要的上锁功能以外，还具备不同的辅助功能。比如，家用指纹锁标准功能：指纹锁、密码、刷卡、应急机械钥匙四合一，此外还可能会增加手机App功能，甚至有"猫眼"功能。办公用指纹锁应用在公司、企业等办公场所，这类型的锁会在家用锁的基础上增加两个功能：遥控开锁、考勤管理。金融行业用的指纹锁对产品的安全性要求很高，会在家用锁的基础上增加多用户验证设置，意思就是需要多个不同的用户才能打开的设置，甚至会增加虹膜识别和静脉识别来检测物体活性和活体生物特征，大多用于银行金库、保险箱等地方。

产品CMF设计

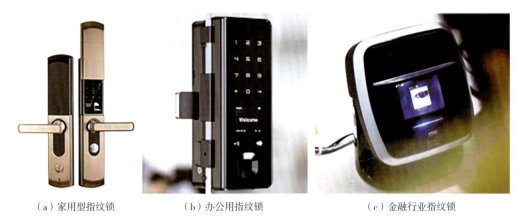

（a）家用型指纹锁　　　　（b）办公用指纹锁　　　　（c）金融行业指纹锁

图10-5　不同类别的指纹锁

除了功能之外，指纹锁的外观也会因使用环境的不同存在一定的差异性。家用型指纹锁外观美观时尚，满足了现代人在保证产品实用的前提下对于美感和时尚的追求。轮廓线条多用圆滑流畅的微弧曲线，再配上精细的表面处理工艺以及低奢色彩搭配。办公用和金融行业指纹锁多以黑色为主色调，搭配金属银色，表面光亮高洁，给人冷静理智的观感。

指纹锁又分为全自动和半自动，全自动的指纹锁在用户通过指纹、磁卡等方式正确验证之后，用户只需轻轻推拉门就能进门，不用再有旋转把手之类的多余操作。而半自动指纹锁则需要外加一个旋转把手辅助用户完成开门的行为。指纹锁的结构件主要有：面板、锁体、电路板、电机、把手、装饰圈、显示屏、键盘、指纹头、锁芯、电池槽、反锁旋钮、滑盖。

家用型指纹锁CMF图解和分析如图10-6及表10-2所示。

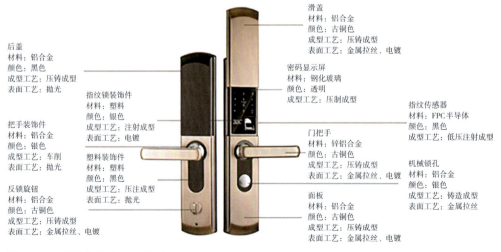

图10-6　家用型指纹锁CMF图解

表10-2 家用型指纹锁CMF分析

名称	构成元件	色彩	材料	工艺技术	制作考虑因素	元件功能	整体功能	使用体验	生态影响
家用型指纹锁	面板	古铜色	铝合金	压铸成型、金属拉丝、电镀	使用场合：家庭 美观与成本：古铜色面板配上金属拉丝工艺，以及银色装饰件，产品整体低调奢华。成本较高 用途：防盗 使用人群：中高端用户	包裹内部功能件、装饰	该型号主要应用于家庭，其作用在于防盗，起到保险、安全防范的作用	提高了便捷，不用再担心了带钥匙。其自带的报警功能大大提高安全性	大部分材料可完全回收再利用，但面板采用的电镀工艺会产生一定的废水，污染环境
	后盖	黑色	铝合金	压铸成型、抛光		包裹内部功能件、装饰			
	把手	古铜色	铝合金	压铸成型、金属拉丝、电镀		旋转开门			
	触屏	黑色	钢化玻璃	压制成型		密码输入			
	指纹头	黑色	FPC半导体	低压注射成型		指纹读取			
	指纹头装饰件	银白色	塑料	注射成型、电镀		装饰			
	滑盖	黑色	铝合金	压铸成型、金属拉丝、电镀		保护触屏			
	装饰圈	银色	铝合金	车削、抛光		连接、装饰			
	塑料装饰件	黑色	塑料	压注成型					
	锁体	银色、黑色	铁、不锈钢、铜	铸造成型		指纹锁功能实现的部件			
	电机	银灰色	铸铁、硅钢片等	压铸、转轴滚花等		提供动力			
	锁芯	银色	铝合金	型材切割		指纹锁功能实现的部件			
	电池槽	黑色	塑料	注射成型		放置电池			
	反锁旋钮	古铜色	铝合金	压铸成型、金属拉丝		反锁门，提高安全性			
	电路板	绿色	玻璃纤维增强塑料	数控机锣		执行命令			

10.3　全方位沉浸——头戴式耳机

头戴式耳机指戴在头上,并非插入耳道的耳机,它的声场好,舒适度好,能避免擦伤耳道。头戴式耳机按开放程度可以分为开放式、半开放式、封闭式。开放式耳机一般听感自然,佩戴舒适,常见于家用欣赏的HIFI耳机,声音可以泄漏,同时亦可听到外界的声音。而封闭式耳机与之相反,专业监听领域中多见此类。半封闭式则没有严格的规定,可根据需求而做相应的调整。按形式分类可分为罩耳式头戴耳机和非罩耳式头戴耳机(图10-7)。

不同形式的头戴式耳机在外形、功能等方面都有一定的不同。在体积大小方面,罩耳式头戴耳机体积相对非罩耳式要大,并且佩戴时会将整个耳朵包裹起来,形成一个较为封闭的空间。所以罩耳式头戴耳机能降低外界噪声对音乐的干扰,大大减少漏音。要达到这个效果,其耳罩材质常使用皮质和一些隔音材料。其优势在于:声音厚实、包围感强。但长时间佩戴,耳朵可能会感觉比较闷,其佩戴舒适度则要低于非罩耳式。非罩耳式头戴耳机更为便携,但戴久了耳朵会疼,而且振膜较小,氛围感不及罩耳式。

耳机除了实用功能之外,还属于一类时尚单品,并且在使用时常紧贴人体皮肤。耳机的材质、造型直接影响到佩戴的舒适性以及美观性。不同用途的耳机,通常材质也会有所不同。音乐类耳罩常用的材质有羊皮、蛋白、仿蛋白、PU等,而隔音降噪类耳罩在材质上通常选择TPU或者PVC等材质。并且,不同耳罩材料还影响到耳罩的清洁、寿命等表现,所以耳罩采用何种材料,是非常重要的。

一个典型的头戴式耳机,分别由头带、耳壳、驱动器、导线、耳垫五大部分组成。耳壳大部分采用塑料材质,主要原因是易于造型并且塑料材质本身可以做得很轻巧。也有少量耳机使用木壳、铝壳等以满足外观设计的需求。头带的设计一般都是可伸缩的,以适合不同的头型。头带与耳壳连接的部分也可以进行一定的角度调节,这部分的材质多以塑料、皮革或网布为主。耳垫的主材料多数为海绵,表面材质种类较多,如人造革、真皮、网布等。

某品牌头戴式耳机CMF图解和分析如图10-8和表10-3所示。

（a）罩耳式头戴耳机　　（b）非罩耳式头戴耳机

图10-7　头戴式耳机

表10-3 某品牌头戴式耳机CMF分析

名称	构成元件	色彩	材料	工艺技术	制作考虑因素	元件功能	整体功能	使用体验	生态影响
某品牌头戴式耳机	头带	浅卡其色	人造皮革	各层挤压成型染色	**使用场合**：游戏 **美观与成本**：外观采用人造皮革，肌理感强，浅色的搭配清晰自然。材料成本较低 **用途**：听音乐 **使用人群**：中端人群	方便佩戴	主要用于听音乐，有很好的降噪效果，基本不会出现耳道疼的现象。适合各种长时间的静态环境中使用	包裹性很强，使用时能很好地让人沉浸其中，但佩戴久了耳朵会有烦闷的感觉	产品采用的主要材料为人造皮革和塑料，塑料可回收利用，人造皮革产生过程中会产生一定的废水，对环境有一定的影响
	耳壳	米黄色	塑料	注塑成型		包裹内部功能件，起到保护、装饰的作用			
	滤网	米黄色	塑料	注塑成型		防止灰尘进入腔体，保护震膜			
	耳罩	灰色	PET	编织					
	驱动器	浅卡其色	人造皮革	各层挤压成型染色		缓冲压力			
	导线	灰色、黑色	铜、塑料等	注射成型、拉制工艺等		耳机发声部件			
	标志	米黄色	塑料铜	拉制工艺		供电			
		浅卡其色	水性浆料	丝网印刷		标识、装饰			
		米黄色	PVC	热转印					

图10-8 某品牌头戴式耳机CMF图解

10.4 CMF设计的集中体现——汽车内饰

传统汽车更新换代周期为6~8年,由于智能汽车软件更新迭代速度较快,换代频率一般为4~5年。在此期间,汽车会进行小改款,主要更新汽车内饰与车身色彩,也就是更新CMF设计策略,达到小改动、大变化的效果,是式样型废止的体现。

如图10-9所示是某品牌联合清华大学美术学院设计的"华彩辉耀典藏版"车型,这款汽车将东方美学表现得淋漓尽致。正如鲁晓波院长所说:"艺术设计之'奢华',并非只是各种珍稀昂贵材料、繁复形态、华丽色彩、密集型劳作的堆砌;思想性、意境、品位和技艺融于一体,才是东方审美的最高境界。"

图10-9 某品牌汽车

如图 10-10 所示，安全带与扶手质感不同，安全带主要采用乱针绣法，这种绣法针法缜密、线条流畅、层次感强，绣出的祥云图灵动而精美。中轴线扶手盖则采用多种苏绣技法，以缂丝材质代替原先的真皮材质。缂丝，又称"刻丝"，是一种极具装饰性的丝织品，是汉族传统丝绸艺术品中的精华，其工艺十分复杂，只能由人工制作。此处的扶手盖以质感极佳的素色缂丝布料做画布，以苏绣为笔，用不同针法描绘出古朴典雅的明暗对比，山脉曲折，云雾茫茫，营造出中国山水画的幽远意境，在视觉、触觉方面[图 10-10（d）表现明显]均有突破。

打开扶手箱（图 10-11），内部使用与车漆一致的红色，与素雅的扶手箱外表形成强烈对比，增加活力的同时又不失优雅。表面用螺钿工艺做装饰，在前、后扶手箱分别打造宝瓶、法螺纹样。螺钿工艺是将螺壳或贝壳精心打磨、抛光成薄片，根据画面需要镶嵌在器物表面的一种工艺，随着角度和光线的不同变换出斑斓的色彩，视觉效果强烈。宝瓶与法螺纹样均属于八宝纹，是对出入平安的另类表达，在佛教中寓意福智圆满、妙音吉祥。可见，装饰内涵也需符合产品主题，与之相映成趣。

中控台采用皮革包覆，触感舒适。中轴线及车门饰板、扶手箱内部，均使用传统大漆工艺（图 10-12），古老的天然漆料为内饰带来平滑、细腻的全新触感。为与车内整体氛围相呼应，将传统的暗色大漆调制为浅色云纹。大漆制作的漆器，不仅无毒，而且具有光洁亮丽、色泽耐久、耐腐蚀、耐高温等优点，兼具实用性与美观度。

（a）扶手刺绣设计　　　　　　　　　　（b）安全带刺绣设计

（c）安全带实物效果　　　　　　　　　（d）扶手效果

图 10-10　扶手与安全带刺绣工艺

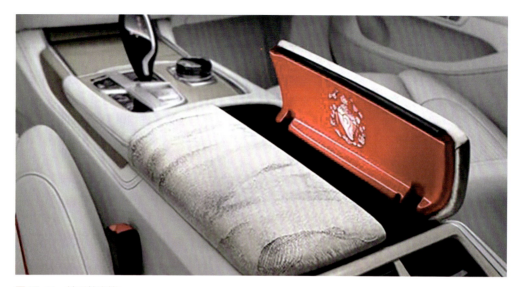

图10-11 扶手箱内饰

（a）中轴线及车门饰板处大漆工艺　　　　　　　　（b）后座中轴线处工艺

图10-12 大漆工艺

扶手设计（图10-13）不仅在视觉上与整体氛围相呼应，而且在嗅觉上也有。车顶扶手由降真香精制而成，内含天然油脂，结构细密，天然香气经久不散，有蜜香、花香、果香、椰奶香、薄荷香等，扶握之间，幽香四溢，与车上的山纹相得益彰。

尽管加工工艺繁杂，但在整体上却相对和谐，表现为画面和谐、色彩和谐、气味和谐。扶手、安全带、车门饰板、座椅靠背均围绕"山""云"两个主题做细节装饰，各部分相互呼应，风格统一，加强了整体感。此外，靠背、扶手箱均有与车身外漆一致的红色，这些红色作为装饰暗线与车身外漆相呼应。气味上的和谐，体现在通感的运用，降真香的自然气息与"山""云"自然元素相呼应，不仅能看到画面，而且能"闻"出画面，嗅觉体验与视觉体验和谐一致。

这款汽车内饰设计是我国传统技艺与现代技艺的碰撞。运用CMF分析表将上述信息总结为表10-4。

图10-13 车顶扶手

表10-4 汽车内饰的CMF总结

名称	构成元件	色彩	材料	工艺技术	制作考虑因素	元件功能	整体功能	使用体验	生态影响
某品牌彩辉耀典藏版汽车	安全带	暖灰	PET	编织、乱针绣法	使用场合：道路 美观与成本：除常用材料外，还有难得的人工材料与天然材料，加之表面处理工艺多为手作，成本高昂，但美学价值也很高 用途：代步 使用人群：高端用户	固定人体，减少突发事故的创伤	汽车内饰内容在视觉与嗅觉上相互呼应，营造了中国山水的水墨意境	高雅、静谧、舒适	多用天然材料制作，污染较小
	扶手	暖灰	绛丝	编织、苏绣工艺		放置物品或调整身体姿态			
	扶手箱内壁	红色	铝板	冲压成型、刷漆、螺钿工艺		储物			
	车门饰板	浅棕色	铝板	冲压成型、刷漆		增加汽车美观度			
	车顶把手	棕色	降真香	刨削、抛光		道路颠簸时使用，用于固定身体			

章节思考题

对下列两种不同类型的音响（图10-14和图10-15）进行CMF分析，进行CMF图解标注。思考影响它们外观、形体、功能等不同的原因。

图10-14　家用音响

图10-15　车载音响

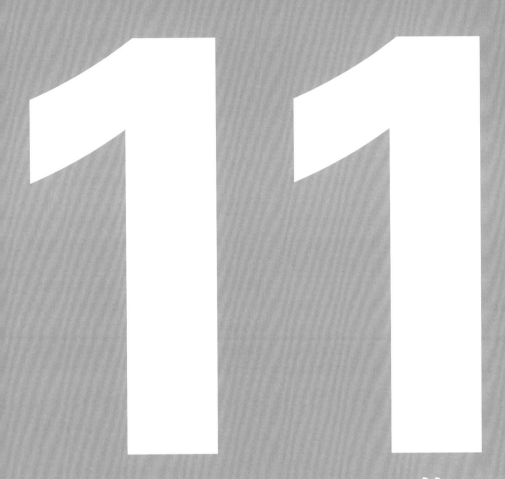

第 11 章
产品 CMF 设计流程与策略

11.1 产品 CMF 设计流程详解
11.2 产品 CMF 设计策略与方法

CHAPTER

导　　言： 产品CMF设计流程与策略是产品设计中至关重要的环节，它涉及颜色、材料和质感的综合考虑，旨在提升产品的视觉感受、触觉体验和整体品质。产品CMF设计流程涵盖了设计信息的收集、设计叙事的构建到最终产品实现的全过程。产品CMF设计策略与方法则需要围绕市场需求、品牌形象等原则，旨在打造差异化、高质量且具有竞争力的产品。

本章重点： 本章主要介绍了产品CMF设计流程与策略。从前期设计的信息收集，建立设计叙事和CMF策略，了解零件分解，到建立产品部件的视觉阅读序列，调整规模和比例，以及创建CMF调色板；从文化、可持续、环境、技术四方面进行CMF设计基本策略的阐述，并列举了"建立创新资源库""营造产品故事感""实用与美观兼具"等CMF设计方法做参考使用。

教学目标： 通过本章的学习，能够了解产品CMF设计的流程与策略，对产品CMF设计体系能有初步的了解。

课前准备： 教师可根据设计流程不同阶段做一定的图文视频与实物准备。

教学硬件： 多媒体教室。

学时安排： 本章建议安排2～4个课时。

本章内容导览如图11-1所示。

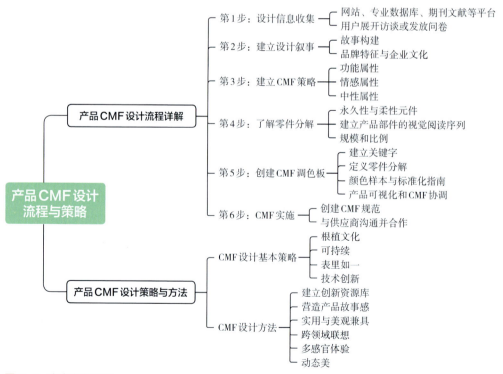

图11-1　本章内容导览

11.1 产品CMF设计流程详解

11.1.1 第1步：设计信息收集

收集信息是设计开展的第一步，关于设计产品的信息收集越多，越能够全面地了解产品。通常在网站、专业数据库、期刊文献等收集基本信息，也可以对用户展开访谈或发放问卷等，通过预设问题获得用户对颜色、材料和表面处理等相关功能特性的反馈。设计师还可以根据情况灵活调整用户调研方式，不必拘泥于方法的条条框框。例如请用户把随身背包里的全部物品一一陈列，并描述每一件物品及其相应的功能或美学效益。这样有助于打开话题、缓解访谈氛围，帮助设计师了解用户描述物品的语言特征、使用习惯、消费倾向、情感价值等。

在设计信息收集的基础上，进一步解读产品简介。解读产品简介是启动CMF设计过程所需的最重要的信息。不同的项目属性需要用不同级别的CMF设计来匹配。

最低级别的CMF设计就是不更改现有产品设计的前提下，通过新的颜色、材料或饰面来实现"刷新"现有产品组合。在这些情况下，无须开发新的零件或新的外形尺寸，而是将重点放在根据新兴的美学和消费者趋势创建更新上。例如将瓶盖的颜色从蓝色更改为绿色，以使其看起来更可持续，或者将产品标签的图形调整为手写字体，以使其感觉更逼真。低级别的CMF设计，成本低、时间短，视觉效果明显。最复杂的CMF设计就是包含多个部件或组件的复杂产品，在航空和汽车内饰的CMF设计项目中就是这种情况，汽车内饰通常具有350多个零件，涉及不同行业，每个零件的材料、饰面和工艺技术的要求及标准也很多。所以汽车内饰的CMF设计过程，通常在生产之前约42个月就开始了。设计信息、收集见图11-2。

> 补充知识点：
> 产品简介也叫作设计任务书，是一个简短的摘要文件，概述项目的总体范围、具体任务、预算和项目进度表。产品简介对后续的工作至关重要，任务越明确，设计越成功。一份好的产品简介应包括关于目标消费者的信息，如年龄、性别、地理位置、市场类型和产品类别，还应包括市场调查和竞争对手信息，尤其是已经存在的竞争特点与行业标杆等。有的产品简介可能包含了一些CMF设计信息，有的则需要进一步提炼和分析。由于CMF设计与制造成本直接相关，因此项目预算、项目进度周期和预期任务都是形成CMF设计流程的关键。创建全新的CMF设计将自动增加项目的复杂性，并极有可能导致更高的制造成本，以及更长的生产和上市时间。

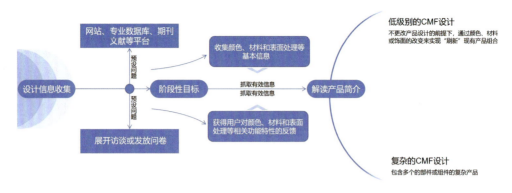

图 11-2　设计信息收集

11.1.2　第 2 步：建立设计叙事

新产品的研发或者是老产品的更新，都需要讲故事来叙述这种"新"。产品研发的故事涉及品牌与营销，其内核是围绕可见的外观变化和使用方式的不同来叙述的，而不是相对隐性的技术。因此 CMF 设计必然承担了设计故事构建的重要工作，具体流程见图 11-3。

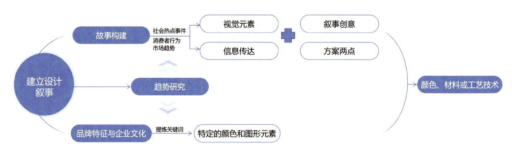

图 11-3　建立设计叙事

讲故事是通过视觉元素和具体信息传达设计信息以吸引客户和最终消费者的一种有吸引力的方式。与社会热点事件、新兴的消费者行为或当前的市场趋势发生关联的话，这种讲故事使新产品特征与品牌文化能更有效地吸引消费者、打动消费者。在大多数情况下，构建故事是品牌策划部门的事情，但设计部门需要将设计工作与产品研发策略结合起来叙述创意与方案亮点。CMF 设计必须从颜色、材料或工艺技术的角度出发，将创意和设计独特性表达出来。如某运动品牌公司的故事通常植根于材料和技术创新，这些创新就是营销信息的一部分，一款名为"Flyknit"的鞋，采用编织有不同质地的超强码针织面料制成，可塑形并减少不必要的重量。

但并不是所有的品牌故事都与 CMF 设计有关，设计师可以在品牌特征与企业文化中提炼关键词，形成特定的颜色和图形元素，尽可能让品牌故事与 CMF 设计信息产生关联。在某些情况下，可以根据新的CMF故事在品牌中嵌入新的信息，如原材料采购地的变化可以突出企业的公益性、注重环保等方面成果，产品工艺的更新可以说明是企业对传统知识和技能的尊重，或者是在科技创新方面的新成就。

设计叙事需要以趋势研究为基础。趋势不是静态的，而是瞬息万变、不断变化、融合和多样化的活泼实体。消费品的趋势是分为不同层面的，从宏观层面涉及重大变化和事件，到微观层面侧重于有形和可量化的表现，消费市场会对技术、社会文化态度以及供求的一般变化做出动态反应，应了解、管理和利用这种反应对设计的影响。趋势跟踪过程就是对市场环境中的不同变化进行不断观察、记录和分析。设计趋势研究能够让设计师及时回顾与发现该领域的发展模式，进而预测未来的情况以及洞察新兴的消费者需求、欲望和愿望。

在选择颜色、材料和饰面时，所有趋势都至关重要。颜色和材料通常与微趋势联系在一起，但对大趋势也必须了解。例如一项能让材料更薄、更轻、更坚固的新技术，也有可能带来更透明、更柔和的色彩效果，那么这种新技术影响的大趋势与视觉美学也是紧密联系的。不同的颜色或颜色组合可能受多种因素驱动，包括经济形势、环保观念等。人们对天然颜料的重视就是源于全球对环境保护的关注以及对更多本地化和可持续生产方法的支持，这样的思潮与意识正在推动全新的色彩设计策略和营销活动。

色彩的流行趋势图册通常由全球知名的油漆、涂料和颜料的供应商提供，这类按季节推出的色彩趋势研究图册主要提供给生产制造企业，用以进行色彩设计。在20世纪80年代，汽车行业就采用了这种由涂装供应商主导的色彩趋势研究。

11.1.3 第3步：建立CMF策略

CMF策略不是在CMF设计项目开始之初就建立的，而是经过基础的信息收集、形成解读后的产品设计任务，再结合几轮头脑风暴形成的设计叙事后才能建立CMF策略。CMF策略会通过一系列接触点仔细考虑用户与产品的关系：从首次交互到长期可用性，最后是产品回购。策略的制定要有一定的依据，可以建立一套CMF指标，根据指标评判形成设计策略，进而指导CMF项目（图11-4）。CMF指标不是固定的，在不同的行业会有一定的差异，项目属性也会使得指标发生变动。此处CMF指标包含一定的功能属性、情感属性、中性属性，但仅供参考，对CMF指标要活学活用。

（1）功能属性

CMF指标的功能属性是指更合理的设计元素和特征，具有更持久的性质，有形的、可量化的度量，涉及技术和物理性能要求，如持久性、刚度、柔韧性和强度。耐用性是指根据产品预期的使用寿命选择材料或表面处理，并计划产品在整个时间内的老化或磨损程度。皮革、金属、木材等材质随着时间增加反而具有一些独特的美感，因此在耐用性上更受欢迎；相反，如果预期产品的使用寿命较短，容易丢弃和便于回收利用等属性至关重要，人们则倾向于使用易于回收利用的材料和更实用的材料组合或构造方法。

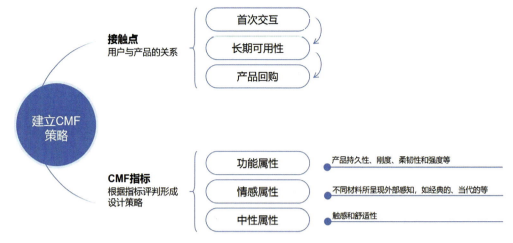

图11-4 建立CMF策略

也有一些相反但是相关的材料特性也要考虑，如材料的柔韧性与刚性，有时候会根据使用需要进行工艺调整，需要注意的是一部分材料的强度与其预期使用寿命直接相关。传统的设计会因为使用了坚固耐用的材料而强调其视觉力量感，但随着材料技术的最新发展，轻质碳复合材料使得产品的结构表面越来越薄，更轻、更坚固，从而产生了轻盈而坚固的视觉美感。某品牌的碳纤维座椅就是灵感来源于明代的官帽椅，采用了质量比金属铝还轻，强度却高于钢铁的碳纤维材质，坐面只有7mm厚，仅重2.7kg，改变了传统座椅的厚重感（图11-5）。

图11-5 某品牌采用碳纤维材质制作的当代"明式座椅"

（2）情感属性

情感属性取决于外部影响，具有更灵活或变化的性质，通常使用一些与属性有关的形容词来描述，如经典的、当代的、活跃的、年轻的、豪华的等。所有这些概念都是基于外界对材料如何呈现故事并随着时间的流逝而发生变化和演变的外部感知。在大多数情况下，产品的情感属性不仅可以通过选择一种颜色、一种材料或特定的装饰效果来实现，而且可以将设计选择与最终产品和营销策略结合起来。

（3）中性属性

触感和舒适性等属性是属于中性的，可以根据行业要求和产品的类型调整为功能强大或高度感性的。人类触摸和感知材料的能力是CMF设计的基本方面。触感可以增强产品的外观并支持其功能。触感既是材料或表面的固有特性，如棉和丝绸的柔软度，也可以通过不同的表面处理工艺来实现，如玻璃的喷砂工艺或金属的图案冲压。

因为触觉性完全与表面对触摸的交互性和响应性有关，材料必须提供符合设计期望的触觉性。如果期望表面为使用者提供良好的抓地力，则其触感应坚固且不打滑。如果是创建温暖舒适的表面，则材料的触感应柔软，略有柔韧性并具有触感。大多数与人体或皮肤紧密接触的产品都有舒适性要求，如医疗用品、可穿戴电子产品、服装、汽车内饰和飞机座舱等行业中，应用领域决定了材料要以高性能状态提供符合用户期望或者是超出用户基本期望的舒适度。除了提供舒适性外，纺织品行业对材料的要求还要符合特定的法规和要求，如阻燃性、耐水性、透气性和隔音性等。如图11-6所示的手表的表带采用了一种材质，但是在正反面处理成不同的肌理，表带外面为菱格形，增加佩戴过程中的触感以及与表带扣之间的摩擦，表带内侧为平整光滑的触感，突出材质的亲肤性，长时间佩戴仍有较好的舒适感。

图11-6　运动手表的表带设计细节

11.1.4　第4步：了解零件分解

尽管产品零件与制造设计的关系更紧密，但材料选择是在产品设计过程时开始的，而不是孤立地进行，同时CMF设计是关注到每一个产品零件的。理想情况下，产品零件不仅是产品美学造型的组成部件，而且是用户识别产品设计价值主张的关注点。例如，如果一个产品的手柄或握把的颜色和材料发生了变化，那么用户是否就会认为这个产品部件的功能有变化？是否还需要其他部件或设计层次进行呼应？产品的零件分解，对于用户而言是基于视觉和物理部分的区分，通常颜色鲜艳，能够在总环境中脱颖而出，其功能部件通常采用一定质地的防滑材料制成，强调这种功能。产品零件分解除了与功能分区有关外，还要考虑产品设计的整个生命周期，以及拆卸维修与零部件更换等。

（1）永久性与柔性元件

创建产品时，根据不同的市场价格点和消费者细分级别，产品被设计为永久性的，或有一些部件是柔性元件，可通过不同的CMF变体进行灵活变化与调整。CMF版本的情况，可能包含昂贵的制造技术或无法复制的手工制作细节。这些元素的集中吸引力使产品的制造成本更高，因此受到高端或豪华消费者的追捧。一些材料精加工技术可以立即提升普通材料的价值，例如电镀实例。此过程为表面提供了一种薄的、有光泽反射的、看起来像金属的涂层，可以提高对价值的感知，而无须增加处理表面的额外工作。

（2）建立产品部件的视觉阅读序列

产品CMF设计一般会以产品部件的视觉阅读序列作为依据，可分为三重，也就是第一视觉阅读元素、第二视觉阅读元素和第三视觉阅读元素（以下简称一读、二读、三读），根据产品类型和行业会略有不同（图11-7）。

第一视觉阅读元素对应于主要区域或最多区域，从较远的距离识别可见的表面。例如汽车的第一视觉阅读元素为外观颜色、大小和整体形状或轮廓。在以CMF为驱动力的产品创新中，首先要读的是材料技术及强烈的视觉效果，如高端汽车的新颖性与非常规的表面光洁度有极大的关系。

在大多数情况下，二读对应于产品主要部件的饰面元素和功能部件，一般是中等大小的零件，需要仔细观察才能在与产品交互后被最终用户发现。如消费类产品的操作键和按钮及其触感。二读元素还可以是主表面的修饰、着色效果或纹理细节，如油漆涂装的光泽、亚光或珠光等效果。三读则对应于产品的具体细节，包括边框、饰边或装饰性小部件等，以提高产品的感知价值。这些细节对于高端产品尤为重要，是额外的加工时间和工艺水平的象征。汽车内饰的三读元件，一般是汽车座椅的缝合、穿孔或滚边细节或金属表面上的蚀刻穿孔，旨在提供照明、增强声音或改善消费电子设备的抓地力。大多数入门级别的产品等级，会跳过三读元素，以降低生产成本。例如，高端汽车内饰将在每个真皮座椅上以手工刺绣徽标作为第三视觉阅读元素。另外，低端汽车内饰极有可能使用聚氨酯等合成材料代替皮革，并在座椅上印上工厂的徽标。

个性化的细节和三读元素可以提供所谓的产品"增值"。有大量的汽配行业致力于根据CMF详细信息对产品进行个性化和升级，例如汽车的金色品牌徽标、手表、首饰、眼镜等产品上常见的定制铭文或图案（图11-8）。

（3）规模和比例

在表面装饰方面，图案、纹理和整体组成的比例及分布必须与物体的大小成比例。小物体上的图案过大，不利于视觉解

产品 CMF 设计流程与策略　第 11 章

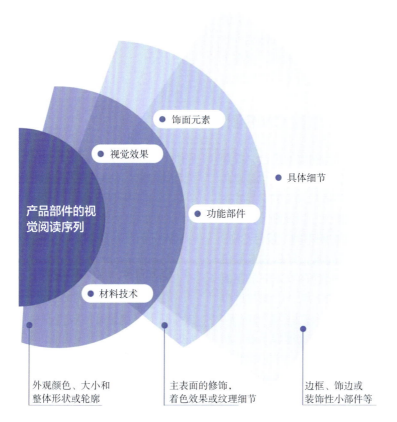

- 饰面元素
- 视觉效果
- 具体细节
- 功能部件
- 材料技术

产品部件的视觉阅读序列

外观颜色、大小和整体形状或轮廓

主表面的修饰，着色效果或纹理细节

边框、饰边或装饰性小部件等

图 11-7　产品部件的视觉阅读序列

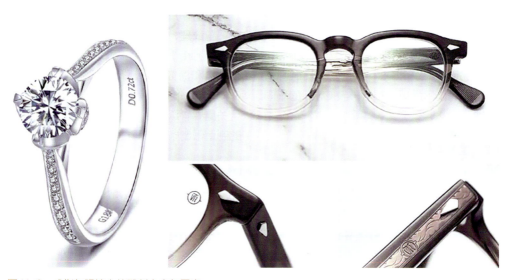

图 11-8　戒指与眼镜上的雕刻文字与图案

- 205 -

析，降低其感知价值和实际价值。表面细节和零件分解差异越复杂，产品的感知价值和实际价值就越高。在手表和高级珠宝行业中，手工制造的方法特别注重细节，提高了产品的稀有性和排他性。这并不一定意味着小表面上应该堆满装饰，而应该使包括颜色、材料和纹理在内的不同元素的组成保持良好，以便使产品整体以及其外观看起来都很好。

11.1.5　第5步：创建CMF调色板

CMF调色板是样品的物理集合，或颜色、材料和表面处理的有形表示，也就是色彩打板，分别对应于不同复杂度的产品的每种外观零件。调色板的大小以及细节和复杂性的总体水平可能会有所不同。设计CMF调色板是一个看似很简单，只是挑选颜色和材料样本的过程。一套好的CMF调色板应仔细呈现所有必要的信息，以清楚地传达和阐明新的设计建议。在大多数情况下，CMF调色板是数字文档和物理显示器的组合，描述感官和功能CMF属性的关键字，物理样本与设计图样分解标注，并编号、清楚列出。

（1）建立关键字

首先用一系列关键字或语言属性以说明产品的功能。需要注意的是，描述性的词语和视觉元素的含义可能因文化而异、因产品而异，并且每个行业在使用时都有其自己的技术术语，都会涉及CMF的不同属性。

（2）定义零件分解

下一步是分析产品的零件分解，以查看有多少实际零件以及需要指定多少种不同的颜色、材料或饰面。这个过程可能略复杂，需要对零件进行分类并编号，再根据永久性元件与柔性元件组织排列视觉阅读序列。可以参考工业设计师或产品工程师提供的零件或产品的各角度的视图，再开始CMF探索。一般要改变颜色或材料的每个部分都应隔离在单独的数字层中，可以用KeyShot或Adobe Photoshop等设计软件对设计图纸进行可视化和单独处理。

（3）颜色样本与标准化指南

在关键字和确定的部分分解之后，该过程的下一步是开始收集颜色、材料和表面处理的样本。在大型企业，为了缩短和最大化生产时间，一般从供应商那里获取和使用样品。这样，拥有内部CMF设计团队的公司会不断建立和填充自己的内部材料库，根据项目需求快速准确地进行选用。现有的标准化参考系统包括Pantone和NCS（自然色系）用于颜色，Mold-Tech板用于塑料纹理，德国VDI（verein deutscher ingenieure）标尺用于确定表面纹理等。每个材料和涂饰行业都有自己的准则及标准。在构思CMF调色板时，与供应商携手合作至关重要，以便了解给定项目简介和最直接的制造限制条件下可能实现的目标。

（4）产品可视化和CMF协调

根据产品零件的分解，将代表对应颜色、材料和表面处理的色板，按照近似的比例进行分布和组合，形成产品的可视化，并在该过程中调整CMF样板，实现整体的协调。这个不断用样板进行视觉调整的过程非常重要，很多时候，设计的物理材料和颜色样本在工作台上可能看起来很好，但当应用于产品本身时，设计效果则出乎意料。因此除了样板外，在样品、样机上不断感受CMF的设计效果也是很重要的。样品、样机等物理层面的"外观模型"会让人感觉到更真实的比例感、构图、外观等。因此在样品、样机上验证接近最终视觉效果的CMF设计，是保证产品从设计图纸到商品无差别的重要环节。

创建CMF样板如图11-9所示。

图11-9　创建CMF样板

11.1.6　第6步：CMF实施

CMF实施阶段就是进入设计试生产的阶段，需要确定CMF技术规范，并在实施过程中不断与各种供应商沟通合作。

（1）创建CMF规范

CMF样板越多，颜色、材料或饰面数量越多，那么涉及的供应商就越多。不同材料和技术的供应商往往会分开工作，并同时进行，因此为每个供应商创建准确而清晰的技术规格文档，也是CMF设计师的工作。CMF规范通常包含在CAD中创建的产品元素的分解图，以及每个零件的相应标注和编号。CMF规范中的信息越具体，制造商就越容易理解和执行任务。每个标注都应包含名称和编号部分，说明其所需的开发类型和目标样本，这是要匹配的视觉和触觉参考。始终建议在供应商的规格中包括目标样品，并保留重复的样品作为参考，以便在开发完成后检查结果。对不同零件所需开发内容的一些描述可能包括材料类型、光泽度、表面处理类型等方面。CMF规范往往是复杂的文档，需要花费一些时间才能创建，并且需要进行大量的准备工作。良好的管理、计划和组织技能绝对是此过程中的优势。

（2）与供应商沟通并合作

一旦完成了CMF规范，下一步就是向供应商简要介绍并确保该请求是现实的，更具体地说，使用指定的材料可以达到要求的颜色或修饰效果。为了适应制造过程，总是需要进行调整，并且在与供应商来回合作时会做出很多妥协。与供应商和制造商的合作应被视为反复试验的过程，在此过程中会发现新的机会和限制。就CMF开发时间而言，建议计算大约三个循环的样品匹配，直到可以批准令人满意的结果用于量产。CMF设计中的产品创新真正取决于研发的时间和资源的准确分配，尤其是在开发时间和成本没有被低估或计划不足的情况下。通常，分配给CMF开发的时间越多，结果将越具有创新性。

产品CMF设计流程如图11-10所示。

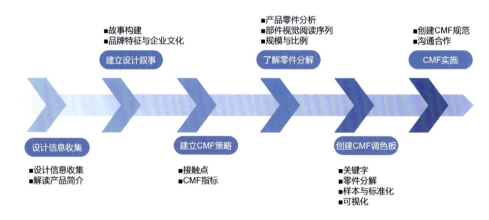

图11-10 产品CMF设计流程

11.2 产品CMF设计策略与方法

11.2.1 CMF设计基本策略

CMF设计策略围绕产品的最终呈现效果展开，旨在用一定方式方法有序进行设计活动，筛选最合适的材料和加工技术，以确保视觉美和功能美之间达到完美的平衡，呈现最好的产品，提供优良的用户体验。产品作为CMF设计的表现形式，其形态、材料以及加工工艺受到社会文化、发展趋势、企业要求、审美观念、技术发展等的影响。因而可以从文化、可持续、环境、技术四方面进行CMF设计创新。如图11-11所示是发泡陶瓷制作的装饰墙。该装饰墙由各种废弃及自然原料（可持续创新），通过高温烧结而成（技术创新），画面内容极具东方意蕴（文化创新），且与周围环境相协调（环境和谐）。体现了四个创新层次的和谐应用。

图11-11　发泡陶瓷制作的装饰墙

（1）根植文化

文化作为一种意识形态，表现在日常生活中的方方面面，也是CMF设计的根源。一个产品的诞生必然受到社会文化、企业文化、设计师个人风格的影响。社会文化属于宏观角度，在CMF设计中表现为色彩风格、造型特征、表面肌理具有一个国家、地域或民族的特征。比如提及中国，可能会想到"中国红""竹材""中国结""榫卯"等中国特色。如图11-12所示是白马时光设计的"万物生"苗族刺绣项链，从世界非物质文化遗产——苗绣中获取灵感，将其中的古老纹样与现代审美相结合，用独具苗族特色的手工绣品替代传统的金属戒面，在色彩、表面质感与加工上都体现了民族文化特色。

企业文化属于中观角度，CMF设计在这一层次主要考虑企业的形象特征，设计时，应与其他企业相区别，有助于加深用户对企业的品牌印象。以某品牌产品为例，图11-13中的产品风格统一，造型简洁圆润，有利于磨具制作进而降低生产成本，符合企业"感动人心、价格厚道"的理念；色彩以白色为主，产品表面多使用磨砂质感，亲和力强，与该公司"和用户

图11-12　白马时光设计的"万物生"苗族刺绣项链

产品CMF设计

图11-13　某品牌的各种小家电产品

交朋友"的企业愿景相符合。因而CMF设计时，应建立材料、色彩、质感与感官体验的准确联系，以更好地传达企业理念。

个人文化属于微观角度，由设计师经验、喜好、文化底蕴赋予产品独特的CMF设计，并受到国家文化、企业文化的影响。如图11-14所示的沙漏茶杯由韩国设计师Kang Yeonsoo设计，他认为冲茶最好的时间是3min，因而将茶杯底部设计为沙漏，并用高度透明的玻璃制作，以清晰观察时间流逝，上部材料的色彩与纹理则营造出宁静、平和的氛围，符合饮茶时内心祥和的境界。如图11-15所示的甜食碗由中国设计师设计，对日常使用的瓷碗做设计改良，表面釉色呈青绿色，使人联想到中国最具代表性的宋瓷。

值得注意的是，根植于文化的设计不是文化元素的堆砌与生搬硬套，而是能让用户产生情感上的共鸣。同时，CMF设计应平衡现代对产品的普适要求与文化对产品的特殊要求，避免因文化特色过强而不被世界市场理解和接纳。

（2）可持续

维基百科对可持续发展的定义为：既满足当代人的需求，又不对后代人满足其需求的能力构成危害的发展，可持续发展目前已成为世界性问题。对CMF设计而言，可以在材料选择与加工上减少废弃产品对环境污染、减少材料浪费、促进产品回收利用等，进而支持可持续发展。在CMF设计

图11-14　沙漏茶杯

图11-15　甜食碗

中，可持续主要体现在材料绿色化、材料循环使用两方面。

材料绿色化包含选用绿色材料、加工工艺绿色以及减少材料使用三种方法。垃圾再造材料（塑料垃圾、绿化垃圾、电子垃圾、工业垃圾等）、快速可再生的天然材料（竹材、速生木）、合成新材料（玉米淀粉制作可生物降解塑料、马铃薯皮制作可降解材料）均可作为绿色材料选用（图11-16～图11-18）。不过，使用时还需考虑材料在加工生产、运输方面产生的污染是否小于绿色材料产生的益处。以竹地板为例，它是一种绿色材料，环保且耐用。与混凝土地板相比，它对环境的危害较小，但被认为是不可持续的。世界上有很大一部分竹地板是在中国生产的，这意味着需要通过轮船和卡车运输到他国的最终目的地。因此，也会导致空气中的污染物增多。

加工工艺绿色化指材料加工过程中使用的黏合剂、溶剂等化学药剂对环境、人体污染小或可降解。如中国科学院研制的以蜘蛛丝为原料的光刻胶，不仅比感光树脂制成的光刻胶精度更高、质量更好，而且避免了有毒有害化学物的产生。某品牌生产的板材选用环保原材料及环保胶黏剂，不添加任何有害物质，出产的板材成品无异味，具有天然的松木芳香，环保等级最高能够达到企业无醛级。

除去在设计中选择绿色材料及绿色加工工艺外，还可以在不影响基本功能的前提下减少材料使用。例如荷兰家具品牌Extremis生产的家具Picnik，（图11-19），仅用一张铝板就完成了桌椅两个部分的设计，达到了材料最大化利用。

材料循环使用不仅包括选用可再生材料，而且包括材料的成型方式便于可回收再利用，具有装配零件少、材料种类

图11-16　马铃薯皮制作包装材料

图11-17　回收硼硅酸盐制作吸管

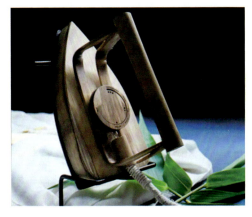

图11-18　竹制熨斗

单一、结构简单等特点,通常具有极简风格。如Demeter Fogarasi设计的咖啡桌(图11-20),全部采用阳极氧化铝配合少量胶黏剂制成,材料单一、结构简单,有助于材料回收利用与拆解。

图11-19　Picnik

图11-20　阳极氧化铝简约咖啡桌

(3)表里如一

表里如一是指CMF设计后产品呈现的外在表现,即质感、色彩、形态与内在的产品语义、产品内涵相吻合。如图11-21所示是由赵超教授设计团队基于性别差异化需求设计的洗衣液瓶,在形态、色彩、材料、线性方面具有鲜明的性别符号特征。色彩上,将具有轻盈、柔和感的白色、粉色作为产品主色,并用具有柔和感的磨砂工艺处理产品表面,产品女性特征明显。男性洗衣液则选用具有沉稳感的黑色,经抛光工艺处理的产品表面有干净、利落之感。如图11-22所示是由Dongwook Yoon设计的香蕉牛奶包装,色彩搭配及使用形式上与香蕉息息相关,一目了然,富有趣味性。同时,CMF设计还应考虑产品置于使用环境中的效果,能够与环境和谐统一。

图11-21　洗衣液瓶设计

图11-22　香蕉牛奶包装

(4)技术创新

CMF技术创新包含两方面,一方面为材料成型技术创新,另一方面为材料表面加工工艺创新。在创新方法上，包括开发新技术，或将已有技术进行应用创新。CMF设计中，材料成型技术突破较难，通常将创新材料技术与创新表面加工技术配合使用，如传统材料技术配合创新表面加工技术、创新材料技术配合传统表面加工技术等（图11-23）。CMF设计师通常可以在"新旧"搭配中创新，如图11-24所示的某企业研发的概念车便使用了新材料（纳米织物、发光面料、碳纤维增强热塑性复合材料等）与旧技术（植物染色、纳米防污涂层表面处理技术）搭配。

除应用产品表面静态处理技术外，还可应用产品使用或交互过程中产品表面产生动态变化的技术，如智能温变涂料的色彩可随温度变化而改变（图11-25），光致变色材料可随观察角度呈现不同颜色（图11-26），这种技术常见于手机外壳制作。

图11-23　材料与表面加工的搭配方式

图11-25　饮料包装的温致变色材料

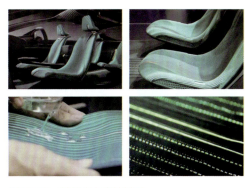

图11-24　某概念车座椅材质

图11-26　手机背板的光致变色材料

11.2.2　CMF设计方法

现代设计趋向多元化发展，其方法也多种多样。具体的CMF设计方法因人而异，是设计师对市场趋势、企业规划、设计经验、材料工艺、用户信息等方面的信息资源整合与重构，个体之间的设计方法千差万别。下面列举的方法可做参考使用，设计时使用单一方法或多方法融合使用，应视情况而定。

（1）建立创新资源库

建立创新资源库的目的在于实现前期快速积累，将收集的信息资源分类整理后，可供后续CMF设计随时取用或汲取设计灵感，是量变到质变的过程。资料库按资料类型可分为自然案例、设计素材以及CMF设计案例，具体分类见图11-27。

自然是创意之源，现有设计素材与CMF案例是对加工处理后的设计元素进行重组与排列，但究其本源仍是自然，如图11-28所示是可借鉴的自然色彩搭配。设计素材通常呈现碎片化特征，自行收集需要消耗大量精力与时间，因此，可以从设计网站、设计公众号以及其他渠道收集优秀素材案例；从科技类网站、新闻、公众号获得CMF前沿信息，尤其可关注汽车领域信息。CMF设计案例收集是前提，其重点在于系统分析，了解优秀案例的卓越之处，并分析设计创意的起源与设计思路，培养CMF设计思维与分析能力。

资源库		
自然案例	设计元素	CMF设计案例
自然配色 自然物表面质感	材料（新材料或新运用） | 色彩（色彩搭配） | 工艺（新工艺、新运用）	网络、生活案例（分析其设计思路与原理）

图11-27　创新资源库层次结构

图11-28　可借鉴的自然色彩搭配

（2）营造产品故事感

营造故事感是赋予产品内涵的关键环节，使产品拟人化、情感化，增强用户黏度与吸引力，进而带动商业成功。在心理学上，用户更愿与自己同类的"人"打交道，这就需要将产品赋予"人"的特征和行为，让其具有形象化和情绪化的特点，才能引起用户共鸣，产生购买行为。

使用方式、感官体验、色彩特征、产品形态共同营造产品故事感，创造性地使用CMF可产生意想不到的效果。CMF设计可通过色彩传达紧张（黄色）、平和（绿色）、喜悦（粉色）、悲伤（深蓝色）、冷静（浅蓝色）等多种情绪；表面处理效果与材料选择可传达柔和（纸）、冷酷（光滑金属）、粗壮（石材）等感官体验。如图11-29所示是Damjan Stankovi和Marko Pavlovi设计的Rhei磁力液体时钟，巧妙利用磁流体具有流动性和磁性的特点，隐喻时间如流水般不断从人们的指尖流逝。

图11-29　Rhei磁力液体时钟

（3）实用与美观兼具

产品的最终目的在于服务用户，带给用户流畅愉悦的使用体验，CMF设计同样遵循以用户为中心的设计原则。因此，在达到产品外观尽可能吸引用户目光的同时，还需考虑产品的使用方式、使用环境、用户使用习惯等。避免因过于追求外观，使用华而不实、无切实功能的材料或加工方式而损害产品功能。CMF设计师需平衡形式与功能的关系，达到两者和谐统一的效果。如图11-30所示为可卷式便携儿童水瓶，充分利用硅胶弹性好且无毒无味、对人体无害的特点。

（4）跨领域联想

CMF设计师需拓宽选择视野，进行跨领域联想，大胆而创新地使用新材料与新技术。跨领域联想在于从产品之外的其他领域，如服装领域、建筑领域中汲取灵感，创造性地选择材料与加工方式，并将其运用到产品设计中。如图11-31所示，灯具使用的材料为清水混凝土，清水混凝土又称装饰混凝土，因其极具装饰效果而得名，最初被用在建筑领域。其表面平整光滑、色泽均匀、棱角分明、无碰损和污染，只需在表面涂一层或两层透明的保护剂，显得十分天然、庄重。

（5）多感官体验

多感官设计是指CMF设计师突破传统视觉传达模式造成的局限性，从人体感官的视、听、味、嗅、触感入手，多层次刺激用户感官机能，使用户认识产品更加真实，更有效地引导消费。大量心理学、生理学和行为学研究表明，人的五感产生联觉反应所接收的信息量，是人体单一感官接收信息量的数倍，并直接影响人的行为，这是由人体器官联觉特性决定的。多感官设计理念不仅给用户带来了新鲜刺激，还能实现信息的整合，让产品信息量表达最大化。

图11-30　可卷式便携儿童水瓶

图11-31　混凝土灯具

在多重感官应用中，常运用以下三种方式设计：通感、联觉、感觉冲突。通感是指由某一感觉带动其他感觉。如图11-32所示为巴西某饮料品牌包装，饮料包装色彩、表现方式与饮料原料高度吻合，由视觉带动味觉与触觉。感觉冲突则是一种感官与另一种感官对同一事物的判断不同。如图11-32所示的鹅卵石抱枕，将柔软的抱枕与湿润、冰冷生硬的鹅卵石相结合，就是将相反的感官经验转化成设计的创意。

（6）动态美

动态美是融合空间与时间的审美维度，创造出超越时空的审美体验，把人带向更高

图11-32　巴西某饮料品牌包装

层次的审美，表现为色彩、样式或图案随时间发生变化，或在与用户交互的过程中发生变化，极具感染力。如图11-34所示，变色时钟的表盘由温致变色材料制成，随时间与温度推移而变化。如图11-35所示则是在产品交互过程中产生动态美，预先设置时间提醒，到设置时间时大头钉亮起，提醒用户完成待办事项。

图11-33　鹅卵石抱枕

图11-34　变色时钟

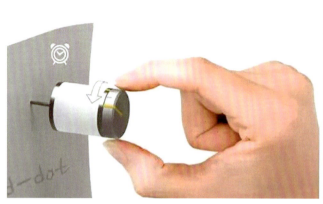

图11-35　发光大头针

章节思考题

结合产品设计图例或身边的产品实例,请分析该产品使用到了哪些设计方法或策略?以PPT的形式展示。

第12章
大国制造的设计机遇与挑战

12.1 中国制造的崛起

12.2 丰富的中国传统造物思想与工艺

12.3 从"制造大国"到"设计大国"

导　　言： 伴随全球商品贸易，"中国制造"已经成为一张世界名片，是"高性价比"商品的代名词。

本章重点： 本章主要介绍了中国制造的发展契机以及蕴含的挑战，"设计"在伴随中国制造崛起与转型的过程中，充当怎样的角色？在产品研发策略与执行阶段中，CMF设计需要遵循怎样的产品开发策略与品牌战略？

教学目标： 通过本章的学习，将设计职业与国民经济发展关联起来，明确学习阶段的长远目标，建立有理想的专业认知与职业使命。

课前准备： 教师可根据教学内容，结合时政与新闻报道，对国之大器、国之重器进行介绍，增强学生的专业自信，帮助学生树立远大的志向。

教学硬件： 多媒体教室、产品CMF色板。

学时安排： 本章建议安排4~8个课时。

本章内容导览如图12-1所示。

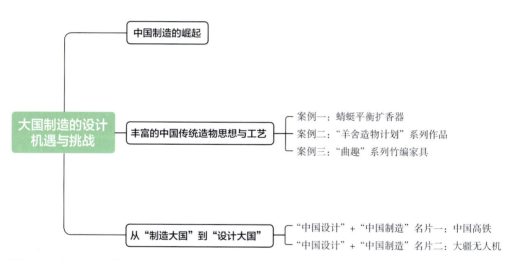

图12-1　本章内容导览

12.1 中国制造的崛起

自改革开放以来，在经济全球化的背景下，中国制造业开始逐渐融入全球产业链，中国企业通过参与国际合作和国际交流，积极吸收和学习国际先进的制造技术和管理经验。同时，中国也积极参与全球贸易体系的建设和规则制定，推动贸易自由化和投资便利化。随着时间的推移，中国制造业逐渐实现了从低端制造到中高端制造的升级转型，在电子、汽车、航空航天等领域取得了重大突破和创新成果。

从"工业1.0"到"工业3.0"，人类经历了从蒸汽机驱动的机械制造设备到电力驱动的生产线，再到电子和信息基础驱动的自动化生产的三次工业革命。每一次工业革命都极大地提升了生产效率，推动了社会进步。然而，随着科技的飞速发展，现有的工业生产方式已经难以满足日益增长的市场需求和消费者对产品个性化的追求。

工业4.0主要以物联网（Internet of Things，IoT）和务联网（Internet of Service，IoS）为基础，以新一代互联网技术为载体，加速向制造业等工业领域全面渗透。务联网技术使得各种设备和传感器能够相互连接，实现信息的实时采集和传输。务联网则强调服务与产品的深度融合，通过提供智能化的服务，满足消费者个性化、多样化的需求。这些技术的应用，使得工业生产能够实现高度数字化、网络化、机器自组织，极大地提升了生产效率和质量。同时，工业4.0还强调信息物理融合系统（CPS）的应用。信息物理融合系统是一种将物理世界与数字世界紧密融合的技术，它能够实现生产过程中的实时监测、预测和优化，可帮助企业实时掌握生产线的运行状态，及时发现并解决问题，也可以帮助企业实现精准营销和定制化生产，满足消费者个性化的需求。工业4.0是一场以物联网和信息物理融合系统为基础的技术革命，推动工业生产向数字化、网络化、智能化方向发展，实现更高效、更灵活、更可持续的生产方式（图12-2）。

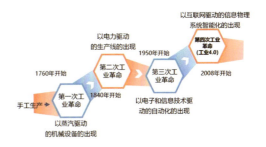

图12-2 工业发展进程

2015年国务院正式印发了《中国制造2025》，这份计划展现了中国从"世界工厂"变成世界制造强国的雄心，努力实现中国制造向中国创造、中国速度向中国质量、中国产品向中国品牌三大转变。《中国制造2025》不仅仅是纯粹的高端工业制造产业的发展计划，更是规模庞大的传统产业的转型升级。从提出以来，中国在某些高端制造业领域已经与德国、日本、英国、美国等传统世界制造业强国并驾齐驱。以航空航天为例，中国自主研发的大型客机C919已经成功首飞，并获得了国内外市场的广泛关注。在新能源汽车领域，中国的电动汽车产业链已经初具规模，成为全球最大的电动汽车市场之一。中国还拥有丰富多样的应用场景和庞大的终端消费群体,为新技术、新产品、新业态、新模式的不断涌现提供了广阔的空间。同时,中国制造业的资金周转速度快,各类人才充足且成本相对较低,为制造业的快速发展提供了有力的支撑。

然而,面对全球制造业竞争日趋激烈的形势,中国制造业仍需持续创新,提升核心竞争力。在高端制造业领域,需进一步加强基础研究和核心技术突破,形成一批具有自主知识产权和国际竞争力的知名品牌和高端产品。同时,也要注重制造业的可持续发展,推动绿色低碳制造,降低资源消耗和环境污染。中国制造业在取得显著成就的同时,仍面临着诸多挑战和机遇。

只有不断创新、加强合作、注重可持续发展,才能在全球制造业竞争中立于不败之地,为实现制造强国目标贡献力量。让中国制造在全世界独树一帜的原因非常复杂,与设计科学相关的原因主要有以下几个方面。

在中国制造崛起之前,对消费设计所遵循的原则是"低配/简化版本+低价",采用合理的产品质量加上有吸引力的价格,是产品在市场上制胜的法宝。

中国完整的制造体系与供应链是复杂产品系统研发的竞争优势。在需要集成大量的零部件、模块或子系统,涉及多个技术领域,需要广泛的知识与技能参与的产品制造中,中国的企业系统集成能力和跨越组织边界的能力远超过众多其他国家的企业。

结合本土需求的设计创新,立足中国实际,把握中国设计的实践逻辑。

> 想一想:
> 形成中国制造的优势还有什么呢?

12.2 丰富的中国传统造物思想与工艺

习近平总书记在党的二十大报告中指出:"坚持和发展马克思主义,必须同中华优秀传统文化相结合。"历史和实践充分表明,中国特色社会主义道路的内在基因密码就蕴含中华优秀传统文化精神。

中国古代基于丰富的造物实践经验和卓越成就,产生了一批造物文化经典著作,如《考工记》《天工开物》《髹饰录》《长物志》《工段营造录》《装潢志》《陶说》《绣谱》《园冶》《琴史》《闲情偶寄》等。这些著作蕴含着深厚且丰富的造物哲学理念、美学思想和设计思想,成为现代设计的丰厚养料。

墨子主张造物的实用性,即"先质而

> 想一想:
> 中国传统造物中有哪些思想和工艺值得现代设计借鉴?

后文"。老子在《道德经》中提出"大音希声、大象无形",这种大道至简的哲理通过工匠的理解和艺术的诠释完美融入"物",由此彰显出的造物风格也体现了古人追寻事物本质、感受真实的心境。这与德国现代主义建筑大师密斯·凡·德·罗提出的"少既是多"理念在实际运用上有着相似之处。

设计是造物活动的预先计划。设计师的造物活动离不开物质基底的制约与影响,包括材料选择、结构设计、工艺应用、功能实现等多个层面的内容。如何在中国的现代化进程中回眸传统，为解决中国当下和未来的问题找到解决路径？要激活传统文化为今天服务，实现中华优秀传统文化的创造性转化和创新性发展；要以中华文化的先进性姿态来构建全球设计领域的"社会关系"，培养具有中国文化立场和国际视野的产品设计卓越人才，为人类高品质生活贡献中国智慧。下面用几个优秀案例展示中国传统造物的现代表达。

12.2.1 案例一：蜻蜓平衡扩香器

竹蜻蜓是中国传统的民间儿童玩具之一，饱含着传统造物的趣味和智慧，也是很多成年人心中美好的童年回忆。设计师以竹蜻蜓玩具为原型，设计了以平衡为主题的蜻蜓精油扩香器（图12-3）。以铝合金加上胡桃木为材质，蜻蜓的木质翅膀厚度仅有1.8mm，上面雕刻的纹理能让香味更均匀细腻。它就像是一只无处不在的小精灵，可以把它随意地摆放在家中或办公室的任何角落。只要在蜻蜓尾部滴上几滴香薰精油，伴随着蜻蜓尾部的微微颤动，精油的芳香便从实木制作的翅膀中慢慢渗透出来。

图12-3 蜻蜓平衡扩香器（李京泽设计）

12.2.2 案例二："羊舍造物计划"系列作品

2015年，著名的工业设计师杨明洁发起了"羊舍造物计划"，致力于对传统工业的现代设计表达和改造。他通过走访云南腾冲、江苏苏州等城市，了解当地的传统工艺。云南腾冲纸伞制作技艺繁杂细致，完整制作一把油纸伞需要三十六个大程序，一百零一道工序,削伞骨、绕边线、裱纸、上柿子水、绘伞面、装伞柄、刷桐油……纸伞历经百年风霜,依然散发着浓浓的乡愁。但杨明洁首先认识到:相比现在用尼龙布和钢骨架做成的伞而言,纸伞在功能和生产上没有任何优势,不妨将传统纸伞的功能和空间进行置换,变成一盏灯,让光从竹支架的背后透过来(图12-4)。

图12-4 "竹之光"落地灯系列(杨明洁设计)

屏风是中国独特的传统家具,但厚重的红木框与方方正正的形式,已经不符合当下人们的生活方式或者审美。杨明洁以苏州园林的太湖石为灵感设计了屏风的外部轮廓,其内部刺绣部分取材于中国画,把一幅中国画分成了三片,即船、湖面、远山,分别放在三个屏风上面(图12-5)。这也是暗合了苏州园林"移步换景"的营造手法,当屏风移动时,船好像在湖面划动一样。最终的外形是简洁的、现代的,给人的意境是中国文人的独特写意精神。

图12-5 苏绣屏风系列(杨明洁设计)

12.2.3 案例三:"曲趣"系列竹编家具

"曲趣"系列竹编家具是中国美术学院团队在2016年的作品,通过竹片的热弯技术结合传统手工艺设计了这套竹编家具(图12-6)。以椅子为例,是由两种不同角度的弯曲竹片所"编织"而成的,结构稳定,流线型的外观具有美感。同时还将竹片材与金属结合,使不同质感的材料相互碰撞与融合,增加了产品的戏剧性。

> 想一想:
> 你的家乡有什么传统工艺?还可以如何创新?

图12-6 "曲趣"系列竹编家具(中国美术学院团队设计)

12.3 从"制造大国"到"设计大国"

历经改革开放四十多年的奋发图强,我国已经拥有了非常完整的产业体系,制造业规模占全球比重约30%,连续13年位居世界首位。在世界500种主要工业品中,我国有超过四成产品的产量位居世界第一。但是,也要注意发达国家刺激实体经济增长的国家战略,美国的"再工业化"、德国的"工业4.0"、日本的"再兴战略"、法国的"新工业法国"等,给"中国制造"带来无形的压力。在日益复杂的国际环境中怎样提升传统产业在全球产业分工中的地位和竞争力?中国制造何以走向世界?这是放在设计专业青年学生面前的重要问题。

中国,从来没有停下学习与创新的步伐。

12.3.1 "中国设计"+"中国制造"名片一:中国高铁

从第一代的DDJ1型"大白鲨"、第二代"和谐号"、第三代CR300型"复兴号"到正在推广的磁悬浮,中国高铁仅仅用了二十年左右,"中国制造"和"中国设计"的高速发展为中国高铁赋能。

在设计领域,自2011年以来,中国高铁和动车设计斩获红星奖、IF等各类国际国内的设计类大奖,部分精彩设计如下。

时速350公里中国标准动车组"蓝海豚"获得2016年中国设计红星奖最高奖项——"至尊金奖"。该设计是中国标准动车组力求科技与美学的精妙融合。采用全新低阻力流线头型,平顺化车体外轮廓设计,充分利用空气动力学原理,降低动车组气动阻力和噪声。车头造型以"蓝海豚"为创意来源,搭配流畅的线条和动感的色带,彰显高铁的速度感与现代感(图12-7)。

交互式卧铺动车组,获得2019年中国设计红星奖金奖,该设计采用纵向交错布局提升定员50%;另外,一床一窗一人的"一房"式设计,让旅客独享客室空间、观景窗小桌和多功能电源插座等,提升了旅行途中的舒适性(图12-8)。

京张高铁复兴号智能动车组,获得2019年中国设计红星奖银奖。该设计以冰雪蓝为基调,以雪花、飞扬的线条为元素,在动静相宜中彰显出冬奥主题(图12-9)。

图12-7 2016年中国设计红星奖"至尊金奖"——时速350公里中国标准动车组"蓝海豚"

图12-8　2019年中国设计红星奖金奖——交互式卧铺动车组

图12-9　2019年中国设计红星奖银奖——京张高铁复兴号智能动车组

12.3.2 "中国设计"+"中国制造"名片二：大疆无人机

2016年《时代》周刊评选了"有史以来最具影响力的50款电子设备"。其中，唯一一个中国企业的上榜产品是"大疆精灵无人机"（图12-10），名列第46位。同在榜上的还有某公司智能手机、某品牌拍立得相机、Walkman随身听等世界经典的电子产品。2006年，汪滔等人在深圳莲花村创立大疆创新科技有限公司（以下简称大疆公司），将民用无人机的研发、制造、销售及配套服务支持作为公司的核心业务。到2018年，大疆创新的客户已遍布全球100多个国家，海外业务不断扩大，现在全球许多地区设有分公司，包括美国、韩国、日本、德国等，全球员工数以万计，在国际上广受赞誉。

大疆公司的成功不仅是技术的成功，也是设计的成功。2012年以前，在市场划分还未清晰时，大疆公司将产品定位在"摄影"需求上，有针对性地提升图像处理水平和防抖云台风控技术的水平，显著地提升了无人机拍摄效果，从而能够精准地吸引到庞大的摄影爱好者群体。大疆公司注重用户体验和产品设计，他们将用户的需求放在首

图12-10 大疆精灵无人机

位,不断改进产品的易用性和人机交互体验。大疆无人机的操作界面简单明了,即使是初学者也能迅速上手。这样的定位使大疆公司从一个新兴企业快速成长为行业巨头,并且在竞争愈发激烈的消费级无人机行业中保持领先地位。

2023年8月16日,大疆公司正式发布首款运载无人机DJI FlyCart 30(图12-11)。2024年6月,这款无人机在珠峰实测:6000m稳载15kg,创造了民用无人机最高运输记录,开启了低空运载新时代。这款无人机不仅在性能上有着极大的提升,在设计上更是出众,它具备货箱及空吊两种负载模式,货箱支持快拆和自动称重,空吊支持智能消摆和紧急熔断等功能,为用户带来灵活多样、稳定可靠的使用选择。结合专为运载应用设计的大疆司运云平台,为用户提供更高效、经济、安全的软硬件一体化空中运载解决方案。

图12-11 大疆"DJI FlyCart 30"

讨 论:
还有哪些品牌可以被称为"中国设计"+"中国制造"的名片?

参考文献

[1] 李亦文，黄明富，刘锐.CMF 设计教程[M].北京：化学工业出版社，2019.

[2] 左恒峰.设计艺术 CMF 导论[M].北京：中国电影出版社，2021.

[3] 袁志钟.金色材料学[M].北京：化学工业出版社，2019.

[4] 王英杰，金升.金属材料及热处理[M].北京：机械工业出版社，2021.

[5] 魏昕宇.塑料的世界[M].北京：科学出版社，2019.

[6] 孙立新，张昌松.塑料成型工艺及设备[M].北京：化学工业出版社，2017.

[7] 彼得·科恩.木工基础[M].王来，马菲，译.北京：北京科学技术出版社，2018.

[8] 柯林斯.木工全书[M].李辰，译.北京：北京科学技术出版社，2020.

[9] 贾娜，刘诚.木材制品加工技术[M].北京：化学工业出版社，2015.

[10] 陈国东，等.专题设计：竹产品认知与创意[M].北京：中国建筑工业出版社，2019.

[11] 朱新民，等.竹工技术[M].上海：上海科学技术出版社，1988.

[12] 周雪冰，苏艳炜，徐俊华，等.中国古代传统家具的演进特征研究[J].包装工程，2021，42（14）：201-205，218.

[13] 卢安贤.无机非金属材料导论[M].长沙：中南大学出版社，2010.

[14] 傅正义，李建保.先进陶瓷及无机非金属材料[M].北京：科学出版社，2007.

[15] 陈照峰，杨丽霞.无机非金属材料学[M].西安：西北工业大学出版社，2022.

[16] 李津.产品设计材料与工艺[M].北京：清华大学出版社，2018.

[17] 邱潇潇，许熠莹，延鑫.工业设计材料与加工工艺[M].北京：高等教育出版社，2009.

[18] 叶丹，董洁晶.构造原理——产品构造设计基础[M].北京：中国建筑工业出版社，2017.

[19] 刘宝顺.产品结构设计[M].北京：中国建筑工业出版社，2009.

[20] 黎恢来.产品结构设计实例教程[M].北京：电子工业出版社，2013.

[21] 张鹏翔，于哲，吴晓磊.产品设计基础[M].南昌：江西美术出版社，2017.

[22] 唐开军.产品设计材料与工艺[M].北京：中国轻工业出版社，2020.

[23] 熊伟，王学武.金属表面处理技术[M].北京：机械工业出版社，2021.

[24] 关成，蔡珣，潘继民.表面工程技术工艺方法800种[M].北京：机械工业出版社，2022.

[25] 曾晓雁，吴懿平.表面工程[M].北京：机械工业出版社，2017.

[26] 王绍梅，宋文明.茶道与茶艺[M].重庆：重庆大学出版社，2020.

[27] 罗英根.铁壶通鉴[M].台北：五行图书出版有限公司，2012.

[28] 韩青.制壶笔记[M].昆明：云南大学出版社，2020.

[29] 王淼，祁子芮，马彧.皮革艺术设计与制作[M].北京：中国轻工业出版社，2019.

[30] 周美玉.工业设计应用人类工程学[M].北京：中国轻工业出版社，2001.

[31] 邱国华.汽车内外饰设计[M].北京：机械工业出版社，2019.

[32] 郭斌.大国制造[M].北京：中国友谊出版公司，2020.

[33] 袁莉莉.金属材料热处理及工艺设计研究[J].有色金属（冶炼部分），2024，（03）：159.

[34] 王凯.基于美术艺术视角谈有色金属材料工艺品开发[J].特种铸造及有色合金，2021，41（07）：938-939.

[35] 马爽.塑料材料在食品包装设计中的运用[J].塑料工业，2024，52（05）：193-194.

[36] 肖机灵.塑料制品在公共空间产品造型设计中的应用[J].塑料工业，2023，51（11）：190-191.

[37] 马微.塑料在产品设计中的应用优势分析[J].塑料工业，2023，51（09）：198-199.

[38] 郭小燕.玻璃材料的创意设计研究[J].包装工程，2013，34（24）：55-58，74.

[39] 黄建华.有机玻璃材料的加工[J].机械工艺师，2001（07）：34.

[40] 李继鸿.天然包装材料在食品包装设计中的应用[J].食品与机械，2019，35（11）：126-128，135.

[41] 赵志成，李鹏，林琳，等.菌丝复合材料的制备及应用研究进展[J].化工新型材料，2023，51（03）：73-78，83.

[42] 夏慧敏，张显权.真菌菌丝-木屑复合材料的物理力学性能——以灵芝菌、木耳菌为例[J].东北林业大学学报，2018，46（04）：63-66.

[43] 苏明红.不锈钢深加工项目环境影响评价要点分析[J].皮革制作与环保科技，2021，2（21）：146-147.

[44] 何棚，刘齐峰，刘洋.指纹锁探讨[J].科协论坛（下半月），2013（03）：38-39.

[45] 田婧娴，谭征宇，王海宁，等.头戴式耳机耳垫材质舒适性评价指标体系研究[J].包装工程，2022，43（10）：129-135.

[46] 赵超.设计意义的建构：设计心理学研究综述与案例分析[J].装饰，2020，324（04）：42-53.

[47] 周翊.色彩感知学[M].长春：吉林美术出版社，2011.

[48] 李蔓丽.多感官设计理念在产品中的表达[J].包装工程，2012，33（20）：94-97.

[49] 王罗汉，王伟楠.德国工业4.0十年发展回顾与对中国的启示[J].全球科技经济瞭望，2021，36（12）：6-11.

[50] 兰筱琳，黄茂兴.工业4.0背景下中国制造业转型升级的现实条件与发展策略[J].中国矿业大学学报（社会科学版），2018，20（05）：47-59.